Till Hein

Crazy Horse

Launische Faulpelze,
gefräßige Tänzer
und schwangere Männchen:
Die schillernde Welt
der Seepferdchen

mare

1. Auflage 2021

Lektorat Claudia Jürgens, Berlin
Register Rainer Kolbe, Hamburg
Typografie Iris Farnschläder, mareverlag
Schrift Dante
Druck und Bindung CPI books GmbH, Germany
ISBN 978-3-86648-643-0

www.mare.de

Inhalt

Prolog

Die Individualisten der Meere

»Ich halte sie für langweilige
und geistlose Geschöpfe.«
Alfred Brehm

Als die britische Meeresbiologin Helen Scales beim Tauchen in Vietnam zum ersten Mal ein Seepferdchen erblickte, war sie wie verzaubert. »Es fühlte sich an«, schreibt sie, »als hätte ich einen Blick auf ein Einhorn erhascht, das durch meinen Garten trottete.« Ich dagegen bin eher der Schnorchler als der Taucher. Seepferdchen kannte ich lange nur aus dem Aquarium im Zoo. Und manche Leute behaupten, mir fehle der Sinn für Romantik. Das erste Seepferdchen, das ich außerhalb der kleinen, geschützten Welt des Zoologischen Gartens sichtete, trottete jedenfalls nicht. Es schwamm auch nicht. Es verhielt sich regungslos. Klein und zierlich lag es auf einem Rost, unter dem Holzkohlen glühten.

Damals wohnte ich in München. Mein Lieblingsplatz war der »Kleine Chinese« an der Fraunhoferstraße. Am besten schmeckte mir dort die Nummer 18: Hähnchen süß-sauer. Einmal führte ich meinen Onkel zum »Kleinen Chinesen« aus, einen Profi-Gewerkschafter, der schon oft in China gewesen war. Nachdem wir genussvoll Nummer 18 verspeist hatten, senkte er die Stimme und vertraute mir ein Geheimnis an. »In ihrer Heimat kochen die Chinesen völlig anders«, flüsterte er. »Noch tausendmal besser!«

Natürlich war ich begeistert, als ich im Sommer 2004 für das

Magazin *Neon* in die chinesische Hauptstadt reisen durfte, um die authentische chinesische Küche im Ursprungsland zu erkunden. Unter anderem lernte ich in Peking, dass es »chinesisches Essen« gar nicht gibt – dafür aber unzählige verschiedene, extrem leckere regionale Varianten der Kochkunst. Besonders faszinierten mich die knallbunten buddhistischen Fastenspeisen aus einer Bergregion mit einem sehr komplizierten Namen und natürlich »Peking-Ente«. Doch die Arbeit als Reporter ist nicht immer ein Zuckerschlecken: Auch gegrillte Schlangenhaut sollte ich kosten – und eben geröstete Seepferdchen. Kostenpunkt für die anmutigen, wenige Zentimeter großen Tierchen mit Pferdekopf vom Grill: umgerechnet fünf Euro.

Damals wusste ich noch kaum etwas über Seepferdchen, außer dass sie toll aussehen. Und ich gestehe: Ich habe eines verspeist. Tierleid hin oder her. Schließlich bin ich kein Vegetarier. Und als Journalist, wusste bereits die TV-Legende Hanns Joachim »Hajo« Friedrichs, darf man sich mit nichts gemeinmachen. Auch nicht mit einer guten Sache wie der fleischlosen Ernährung.

Das Seepferdchen vom Grill hatte eine sandig-körnige Konsistenz. Sein Aroma erinnerte an Pappe und Ruß. »Halb garer Schlangenhaut geschmacklich überlegen«, notierte ich. Aber ich hatte auch als junger Mensch schon mal besser gegessen. Manchen Berufsfeinschmeckern dagegen scheint gegrilltes Seepferdchen zu munden, erfuhr ich Jahre später aus einem Fachblatt. »Wie grob gemahlene Nüsse«, schwärmte ein Gastrokritiker des Kulinarik-Magazins *Beef!* in seinem Artikel. Auch er hatte in China Seepferdchen vom Grill gekostet. Vielleicht können diese Tierchen also nicht nur ihre Farbe, sondern auch ihr Aroma verändern?

Zuzutrauen wäre es ihnen. Denn Seepferdchen sind die großen Individualisten der Meere. Echte Freaks. Selbst Fachleute wundern sich mitunter, dass solche Wesen tatsächlich existieren. »Als Gott das Seepferdchen erschuf«, sagt der Meeresbiologe und Fischexperte Jorge Gomezjurado aus Baltimore, der viele Jahre über diese Tiere geforscht hat, »war er wahrscheinlich besoffen.« Gut möglich, dass der Alkohol den Herrgott erst so richtig locker gemacht hat. Jedenfalls hat er bei kaum einem anderen Geschöpf auf eine ähnlich schrille Konstruktionsformel gesetzt wie bei den Seepferdchen: ein Torso mit Tragebeutel wie bei einem Känguru, unabhängig voneinander bewegliche Chamäleon-Augen, eine lang gezogene Schnauze wie bei einem Ameisenbär sowie eine Art Affenschwanz zum Festklammern. Dazu eine Krone auf dem Haupt, so individuell ausgestaltet wie der Fingerabdruck beim Menschen. Wozu das alles gut sein mag?

Die Lebensweise der Seepferdchen ist nicht minder eigen als ihre Physiognomie, erfuhr ich bei der Recherche zu diesem Buch. Und die Menschheit könnte viel von diesen Tierchen lernen: Sauteure Manager-Workshops zur »Entschleunigung« benötigen die Rosse der Meere jedenfalls nicht, und sie sind auch keine Risikopatienten für Herzinfarkt. Sowohl den Hengsten als auch den Stuten der See scheinen Hektik und Stress völlig fremd zu sein. Was die Gemächlichkeit bei der Fortbewegung angeht, halten Seepferdchen sogar einen Rekord: Das Zwergseepferdchen (*H. zosterae*) ist der langsamste Fisch der Welt. Und auch im Vergleich zu den meisten anderen Rossen der Meere sind an Land selbst Weinbergschnecken erstklassige Sprinter. Fraglich also, ob Seepferdchen bei ihrem lahmen Tempo im Wasser das Schwimmabzeichen »Seepferdchen« schaffen würden.

Ihre Ausstrahlung ist meditativ, nicht aggressiv. Aber Seepferdchen sind Raubtiere, trotz ihres niedlichen Aussehens. Ihre enorme Gefräßigkeit ist sogar ähnlich charakteristisch wie ihr einschläfernd langsames Schwimmen: Bereits ein zwei Wochen junges Seefohlen verschlingt pro Tag bis zu 4000 Kleinstkrebse. Wie aber können solche Phlegmatiker in der Wildnis überhaupt Beute machen? Zumal sich die Rosse der See erstaunlich laut verhalten:

Zwar schnauben und wiehern sie nicht, doch auf der Jagd, beim Flirten und bei Frustrationen aller Art geben sie rätselhafte Knack- und Brummgeräusche von sich. Das Kuriose: Seepferdchen sind schwerhörig. Sie nehmen Töne deutlich weniger gut wahr als viele andere Fische – und riskieren durch den selbst erzeugten Lärm, dass Fressfeinde auf sie aufmerksam werden. Forscher wie der Zoologe und Bioakustiker Friedrich Ladich von der Universität Wien erkunden, warum sie dennoch nicht die Schnauze halten (vgl. Kapitel 7).

In der Welt der Wissenschaft werden Seepferdchen seit 1570 als *Hippocampi* (Einzahl: *Hippocampus*) bezeichnet – die Gattung wird in diesem Buch jeweils mit *H.* abgekürzt, es folgt die lateinische Bezeichnung der Art, zum Beispiel *H. zosterae* für Zwergseepferdchen –, nach dem Meeresungeheuer Hippokampos aus der griechischen Mythologie der Antike. *Hippos* bedeutet auf Altgriechisch »Pferd«, *kampos* steht für »Seeungeheuer« – und der Kopf dieser Tiere ähnelt bekanntlich dem eines Pferdes, während der Hinterleib fisch- oder schlangenartig aussieht.

Doch worum handelt es sich bei Seepferdchen aus biologischer Sicht? Im Mittelalter vermuteten Kaufleute aus Europa beim Anblick solcher Wesen, Babydrachen von fernen Inseln vor sich zu haben. Und frühe Naturwissenschaftler klassifizierten die Seepferdchen als »Insekten der Meere«. In Wirklichkeit aber gehören sie ins Reich der Fische, auch wenn das auf den ersten Blick – schon mangels Schuppen – nicht so aussehen mag.

Seepferdchen sind sehr verschieden: Manche ausgewachsene Seepferdchen sind kleiner als ein menschlicher Fingernagel, andere erreichen eine Länge von bis zu 35 Zentimetern. Zwergseepferdchen (*H. zosterae*) werden nicht einmal ein Jahr alt, europäische Langschnäuzige Seepferdchen (*H. guttulatus*) hingegen bringen es auf bis zu zwölf Jahre, zumindest im Aquarium. Dafür sind Zwergseepferdchen schon mit knapp drei Monaten geschlechtsreif, und in einem einzigen Jahr können bei dieser Art drei neue Generationen entstehen.

Mehr als 120 unterschiedliche Spezies von Seepferdchen haben Wissenschaftler über die Jahrhunderte beschrieben. In manchen Fällen meinten sie es dabei allerdings zu gut: In Wahrheit gibt es wohl nicht einmal halb so viele Arten dieser Tiere, zeigt die neuere Forschung. Es ist aber auch gut möglich, dass wieder andere Seepferdchenarten noch nie gesichtet wurden. Denn diese Fische sind Meister der Tarnung. Viele können ihre Farben nach Lust und Laune wechseln: von Taubenblau zu Moosgrün etwa oder von Purpurrot mit pinkfarbenen Knubbeln zu Gelb mit orangefarbenen Höckern. Andere Spezies zeigen entweder schwarze Streifen, gelbe Punkte oder ein grün-graues Camouflage-Muster. Viele Forscherinnen und Forscher sind überzeugt, dass das veränderliche Farbenspiel nicht nur der Tarnung dient, sondern – wie die Klick- und Brummtöne – auch der Kommunikation mit Artgenossen.

So mancher große Geist liebte die Rosse der Meere: »Die Wunderwerke Gottes und die Geschicklichkeit der Natur erzeigen sich in vielen wunderbarlichen Geschöpfen«, schrieb etwa der renommierte Naturforscher Conrad Gesner aus Zürich im 16. Jahrhundert, »inbesonderheit in diesem gegenwärtigen Meerthier oder Fisch.« Doch wie fast alles Interessante auf der Welt polarisieren auch Seepferdchen. »Ich halte sie für langweilige und geistlose Geschöpfe«, notierte der Zoologe Alfred Brehm aus Thüringen, Verfasser des berühmten Nachschlagewerks *Brehms Tierleben*, rund 300 Jahre nach Gesner über diese geheimnisvollen Flossentiere.

Ob Seepferdchen zu geistigen Höhenflügen in der Lage sind, ist in der Tat umstritten. Manche Zoologen gehen inzwischen davon aus, dass Fische so etwas wie »Bewusstsein« haben und über sich und ihre Handlungen reflektieren können. Aber vielleicht brauchen Seepferdchen und andere Flossentiere ja, im Gegensatz zu Menschen, gar nicht ständig zu grübeln? Wie singt Iggy Pop, der »Godfather of Punk«, so schön: »The fish doesn't think – because the fish knows everything.«

Und langweilig? Wie die singenden Buckel- und Schwertwale sind Seepferdchen Künstler. Ihre Talente liegen vor allem in den Bereichen Ausdruckstanz und Farbdesign. Als Verführer sind sie erst recht eine Wucht: Ihre Hochzeitstänze lassen selbst harte Seebären dahinschmelzen. Zur Begrüßung nicken Hengst und Stute einander galant zu. Dann legen sie die Schwanzspitzen ineinander und turteln eng verbandelt herum. Manchmal halten sie für eine Weile inne und schmiegen die Schnauzen aneinander wie zu einem Kuss. Wieder und wieder umkreisen sie einander und lassen ihre Körper in unterschiedlichen Farbtönen schillern. Bis zu neun Stunden können ihre Hochzeitstänze dauern. Und während Menschen in der Regel (falls überhaupt) nur ein Mal heiraten – zumindest denselben Partner –, wiederholen Seepferdchen ihren Hochzeitstanz alle paar Wochen. Zudem haben Verhaltensforscher herausgefunden, dass viele Seepferdchen einander treu bleiben, bis der Tod sie scheidet. Inzwischen aber hat sich herausgestellt, dass diese Fische auch anders können: Je nach Lebenssituation neigen manche auch zu Partnertausch und Gruppensex.

Sie sind weder Moralapostel noch klassische Heroen, doch als Lebenskünstler kommen sie rund um den Erdball erstaunlich gut zurecht – falls ihnen der Mensch nicht das Wasser abgräbt. Viele Leute glauben, dass Seepferdchen ausschließlich in warmen Gewässern in Äquatornähe heimisch seien. In Wirklichkeit aber bevölkern sie sehr viele unterschiedliche Meeresgebiete. Mit viel Geduld und etwas Glück kann man sie fast rund um die Welt finden, außer in Schnee und Eis. Auch wenn die meisten Seepferdchen tatsächlich in den Küstengewässern der tropischen und gemäßigten Breiten hausen: Dort verbergen sie sich in Seegraswiesen oder Mangrovenwäldern. Andere bevorzugen Korallenriffe oder die Mündungsgebiete von Flüssen, sogenannte Ästuare. Aber auch weit draußen, auf hoher See, hieven Fischer mit ihren Schleppnetzen als Beifang nicht selten Seepferdchen aus den Tiefen des Meeres.

Bereits seit weit über tausend Jahren prägen sie die menschliche Vorstellungswelt: In der Mythologie der griechischen Antike ziehen Seepferde die Kutsche des Meeresgottes Poseidon und lassen Meeresnymphen auf ihrem Rücken reiten. Manche Kulturhistoriker vermuten zudem, dass die Figur des Springers beim Schach nicht dem Pferdekopf nachempfunden wurde, sondern dem Haupt des Seepferdchens. Denn als dieses Brettspiel vor rund 1500 Jahren in China erfunden wurde, spielten Pferde im Reich der Mitte noch keine Rolle – Seepferdchen hingegen sehr wohl. In unseren Breiten wiederum behauptete der »Lügenbaron« Hieronymus Carl Friedrich Freiherr von Münchhausen im 18. Jahrhundert felsenfest, er sei auf einem Seepferdchen geritten. Und in aktuellen Pokémon-Videospielen aus Japan treibt dieser Tage eine Art Killer-Seepferdchen ihr Unwesen.

Die Namen realer Rosse der Meere regen zum Träumen an: Zebraschnauzen-Seepferdchen etwa, Paradoxes Seepferdchen oder Tigerschwanz-Seepferdchen. Manche Menschen lieben Seepferdchen über alles: Die Bankkauffrau Elena Theys etwa hängte vor gut zehn Jahren ihren Beruf an den Nagel, um sich ganz den Rossen der See zu widmen. Anderen wird angesichts von diesen Tieren gar so warm ums Herz, dass ihnen die Wahrnehmung Streiche spielt: Legendär ist eine Szene aus dem Kultfilm *Man spricht deutsh* aus dem Jahr 1988: Das längliche, bräunliche Gebilde, das die Urlauberfamilie aus Bayern da beim Schnorcheln im Mittelmeer voll Begeisterung aus dem Wasser fischen will, ist in Wirklichkeit nicht dem Bauch eines Seepferdchenmännchens entschlüpft, sondern dem Gesäß eines Menschen.

Dem Bauch eines Männchens? Genau. Bei den Rossen der Meere werden die Männer schwanger – ein Unikum im gesamten Tierreich. Wie und warum es zu dieser Besonderheit kam, wollen Forscher aus unterschiedlichen Ländern nun entschlüsseln. Genderforscherinnen wiederum bietet die Männerschwangerschaft eine Steilvorlage, um traditionelle Geschlechterrollen in der menschlichen Gesellschaft zu hinterfragen.

Seepferdchen sind so besonders, dass ihnen seit Jahr und Tag auch Heilkräfte zugeschrieben werden: Zur Zeit der Renaissance wurden sie in Mitteleuropa als Wundermittel gegen Fehlsichtigkeit und Seitenstechen ebenso genutzt wie als Arznei gegen Tollwut oder mangelnde Libido. »Diese Thier sollen bewegen zu unkeuschheit«, schrieb etwa der Universalgelehrte Conrad Gesner. »Item gedörrt, gepülvert und eingenommen, soll wunderbarlich helffen, denen so von wütenden Hunden gebissen sind.« Bis ins 18. Jahrhundert fanden sich Seepferdchenarzneien in Europa in vielen Hausapotheken: gegen Mündigkeit zum Beispiel, gegen Haarausfall oder gegen Impotenz.

In Asien verschreiben Ärzte sie bis heute im großen Stil. Ein Klassiker aus der Traditionellen Chinesischen Medizin (TCM), der gegen Leiden fast aller Art helfen soll, ist gestampftes Seepferdchen, vermischt mit Honig, Ginseng und roten Oliven. Vor allem aber wird Seepferdchen in der TCM als eine Art natürliches Viagra angepriesen – was prompt auch so manche Interessenten aus dem Westen hinter dem Ofen hervorlockt. Ein Anbieter von Potenzmitteln aus Düsseldorf etwa vertreibt im Internet unter dem Produktnamen »Super Hard« Präparate gegen »geringen Liebestrieb«, Impotenz und vorzeitige Ejakulation, die (neben Hirschpenis und Ginseng) getrocknete, zu Pulver gemahlene Seepferdchen enthalten. Auch hierzulande soll also ausgerechnet der pulverisierte Leib der einzigen Tiere der Welt, bei denen die Männchen bei der Fortpflanzung die Frauenrolle spielen, dabei helfen, den Penis zu stählen.

Doch nicht nur von Erektionsschwierigkeiten geplagte Menschen suchen Hilfe bei den Rossen der Meere: Seit Jahrtausenden inspirieren diese Tiere Mystiker, Maler, Kunsthandwerker und Geschichtenerzähler aus aller Welt. Schmuckstücke, Schnitzereien, Wandgemälde und Wappen ziert ihr Konterfei ebenso wie antike Vasen und moderne Toilettenschüsseln. Seepferdchen dienen als Talismane zur Abwehr böser Geister und sollen Fischern und Seeleuten Glück bringen. Den Dichter und Kabarettisten Hans Gustav Bötticher (1883–1934) aus Wurzen inspirierten die Tierchen nicht nur zu einem seiner schönsten Gedichte. 1919 gab er sich – als Ausdruck seiner engen emotionalen Verbundenheit mit diesen Fischen – den Künstlernamen Joachim Ringelnatz. Denn »Ringelnass«, zuweilen auch »Ringelnatz« geschrieben, ist die seemännische Bezeichnung für ein Seepferdchen, das Glück bringt.

Manche Rosse der Meere sind in Wirklichkeit gar keine: Im Jahr 1972 offerierte das Londoner Auktionshaus Christie's einen »kleinen, vertrockneten Gegenstand von der Form eines Seepferdchens«, wie es im Katalog hieß. Das Objekt war in getrocknetem Zustand zweieinhalb Zentimeter lang und zierte einst, als es noch von Blut durchströmt wurde, den Unterleib des Imperators Napoleon Bonaparte – als dessen Gemächt. 1977 wechselte dieses »Seepferdchen« für 11 000 Francs (damals etwa 3280 Deutsche Mark) erneut den Besitzer. Bei einer Auktion in Paris ersteigerte es ein Urologe.

Auch eine bedeutende, paarig vorhandene Struktur im menschlichen Gehirn hat die Form eines Seepferdchens – und wird seit dem frühen 18. Jahrhundert »Hippocampus« genannt, in Anlehnung an den wissenschaftlichen Gattungsnamen der Rosse der Meere. Ohne diese Hippocampi im Kopf hätten wir zum Beispiel keine lebendigen, mit Gefühlen verbundenen Erinnerungen daran, wie es zu unserem ersten Kuss kam oder wir einmal knapp dem Tod von der Schippe gesprungen sind.

Wissenschaftler, Designerinnen und Ingenieure setzen auf Seepferdchenpower: Ende des 20. Jahrhunderts stellte ein japanisches Forscherteam fest, dass seepferdchenförmige Kissen besonders erholsamen Schlaf fördern. Der raffiniert gebaute Hinterleib wiederum dient Robotikern als Anregung zur Konstruktion robuster, flexibler Greifhände. Doch welche Vorteile bietet der außergewöhnliche Körperbau dieser Tiere ihnen selbst? Sind sie mit Pferden oder Flusspferden verwandt? Wie viele Arten von Seepferdchen gibt es wirklich? Lässt sich von diesen Fischen lernen, was echte Männlichkeit ausmacht? Wie sind sie entstanden? Ist an der Heilkraft von getrockneten Seepferdchen etwas dran? Wie verbringen sie ihren Alltag? Eignen sie sich für Berufstätige als Haustier? Verehrten die Aborigines in Australien in Wirklichkeit gar nicht die Regenbogenschlange als wichtigste Schöpfergestalt, sondern das Seepferdchen? Wie könnte die Forschung zur Genetik dieser Fische HIV-Patienten helfen? Und nicht zuletzt geht dieses Buch auch der Frage nach: Lassen sich die Seepferdchen, deren größter Feind der *Homo sapiens* ist, noch vor dem Aussterben bewahren?

Um so manche Art aus dieser Gattung machen sich Experten nämlich zunehmend Sorgen. Insbesondere die Schleppnetzfischerei und die Zerstörung ihrer Habitate bringen viele Rosse der Meere immer stärker unter Druck. Manche Tierschützerinnen hoffen allerdings, dass gerade die Seepferdchen durch ihre Schönheit und ihr Charisma die Menschheit zur Besinnung bringen und entscheidend zur Rettung der Meere beitragen könnten: als eine Art magische Maskottchen.

Crazy Horse: eine Hommage an die großen Individualisten der Meere, die beweisen, dass auf dieser Welt wirklich alles relativ ist – auch die Normalität.

1. Seepferdchenflüsterin

Die Quereinsteigerin aus Visselhövede

»Leidenschaft ist immer siegreich.«
Theodor Fontane

Ein blassgrauer Himmel hängt tief über dem platten Land. Regen prasselt auf den Asphalt. Irgendwo an der Hauptstraße, links und rechts Wohnhäuser, Wiesen, Felder und riesige Pfützen, prangt an einem Häuschen das Ladenschild »Meerestierhandlung Seepferdchen24«. Mitten in der norddeutschen Provinz, im Hinterland von Bremen. Hier also arbeitet die Seepferdchenflüsterin Elena Theys.

Bald darauf stehe ich neben ihr, vor einem breiten Aquariumbecken, und staune: Sechs weiß-braun gesprenkelte Seepferdchen haben ihre Wickelschwänze wild ineinander verknotet. Wie in Trance schmiegen sie sich aneinander und pressen sich gegen die Scheibe. Seepferdchen sind sehr soziale Wesen, habe ich gelesen. Und Kuschelbären. Während der Balz sollen Männchen und Weibchen ihre Hinterleiber oft anmutig ineinanderlegen und Schwänzchen haltend durch die Unterwasserwelt flanieren. Doch was geht hier ab? Eine Orgie?

Elena Theys schüttelt den Kopf. »Diese Seepferdchen folgen gerade einfach ihrem Instinkt, sich irgendwo festzuklammern«, erklärt sie und lacht. Und mangels anderer Haltegriffe in der Nähe nutzten sie dafür eben Artgenossen – daher das Kuddelmuddel. Anders als Seepferdchen in der Wildnis seien die Tiere hier an

Menschen gewöhnt, betont die Chefin der Meerestier-Zoohandlung von Visselhövede. »Und momentan konzentrieren sie sich voll auf uns.« In der Tat scheinen die Seepferdchen uns anzuglotzen, genau wie wir sie. »Sie suchen den Weg zu uns«, flüstert Theys. Durch die Glasscheibe. Nach mehr als zwei Jahren hier im Aquarium.

Besonders clever scheinen Seepferdchen also nicht zu sein. Oder hat sie die Liebe blind gemacht, und sie wollen aus diesem Grund mit dem Kopf durch die Wand? »Seepferdchen sind sehr sensibel«, betont Theys. Auf unterschiedliche Menschen würden sie »äußerst differenziert« reagieren. Und ich sei den Tieren hier im Becken offensichtlich sympathisch.

Elena Theys, 59, darf man glauben. Seit 1986 hält sie Fische. Vor zwei Jahrzehnten nahm sie ihr erstes Meerwasseraquarium in Betrieb, 2004 entbrannte sie in heißer Liebe zu den Seepferdchen. Mit ihrer Rockstar-Mähne, dem verwaschenen Sweatshirt und der Jogginghose sieht sie wie eine Erzieherin aus einem Alternativ-Kindergarten aus. Doch bevor sie auf Seepferdchenflüsterin umsattelte, war sie Bankangestellte. Seit mehr als zehn Jahren verkauft Theys nun Qualitätsseepferdchen und andere Meerestiere an Liebhaber in ganz Deutschland, der Schweiz und Österreich. Viele Kunden holen die Tiere direkt im Laden ab. Andere lassen sie sich in mit ausreichend Salzwasser gefüllten Plastiksäcken, mit Styropor ummantelt, per Kurier zuschicken. Ihre günstigsten Fische, junge Guppys, kosten derzeit 0,75 Euro das Stück, eine Putzergarnele macht 14,90 Euro. Seepferdchen gehören zum gehobenen Segment. Etwa 100 Euro muss man für ein solches Tier auf den Tisch legen. Viele Kunden wünschen sich ein Pärchen. Dafür verlangt Theys rund 250 Euro.

Ohne die Expertise dieser Frau wären sogar Betreiber öffentlicher Großaquarien in Zoos mitunter aufgeschmissen. Egal, ob es um Fortpflanzung, Ernährung oder Krankheiten geht: Sind die promovierten Fachleute mit ihrem Latein am Ende, fällt der Autodidaktin aus Visselhövede oft noch immer das Richtige ein. Einmal fragten zum Beispiel Kollegen vom Zoo-Aquarium in Münster verzweifelt um Rat: Ihre Seepferdchen sahen völlig verbeult aus. Unter der Haut hatten sich Gasblasen gebildet. Durch eine Übersättigung des Wassers im Aquarium mit Sauer- und Stickstoff kann diese gefährliche Krankheit ausgelöst werden, erzählt Theys. Viele Seepferdchen sterben daran.

Wie in der Fachliteratur empfohlen, hatten die Münsteraner die erkrankten Tiere sofort in ein Quarantänebecken ausquartiert. Als die Symptome abklangen, setzten sie die Seepferdchen ins alte Aquarium zurück – und sofort bildeten sich wieder Blasen unter der Haut. Medikamente gibt es keine gegen die Gasblasenkrankheit. Was also tun? Theys empfahl, die Wassertemperatur im Becken auf 23 Grad zu senken und die Filterung mit Aktivkohle wegzulassen. Prompt wurden die Seepferdchen wieder gesund.

Seit sechzehn Jahren hat Elena Theys keinen Tag ohne Seepferdchen verbracht. Ständig lerne sie Neues über ihre Schützlinge, sagt sie. »Von manchen Menschen wenden sie sich sofort ab«, erzählt die Tierhändlerin, während wir weiter das Kuddelmuddel der braun-weißen Seepferdchen im Aquarium bestaunen. Neulich sei zum Beispiel eine Oma von deren Enkeltochter in den Laden gezerrt worden. Das Mädchen war verrückt nach Seepferdchen, die Oma hatte dafür null Verständnis. »Sobald die alte Dame ans Becken herantrat, versteckten sich die Seepferdchen im hintersten Winkel«, erinnert sich Theys. »Und sehen Sie selbst«, sagt sie. »Jetzt fühlen die Tiere sich wohl.«

Bei den sechs ineinander verknoteten Tierchen handelt es sich um Linienseepferdchen (*H. erectus*), eine Spezies, die im Westatlantik heimisch ist, erzählt Theys, während sie mit dem Zeigefinger zärtlich an der Scheibe des Aquariums auf und ab gleitet. Den umgangssprachlichen deutschen Namen haben sie wohl aufgrund ihrer schmalen Querstreifen erhalten.

Hat sich das Licht im Laden verändert? Oder sind die Tiere tatsächlich heller geworden? Plötzlich wirken sie, als hätte sie jemand mit einer weißlichen Lasur bepinselt. »Eindrucksvoll, nicht wahr?«, sagt Theys und lächelt. »Jedes Mal, wenn ich sie streichle, werden sie heller.« Zärtlichkeit scheinen sie also zu mögen – Glasscheibe hin oder her. »Auch bei der Balz erblassen Linienseepferdchen immer.« Elena Theys wertet das als Beleg dafür, dass die Fähigkeit zur Farbveränderung vieler Seepferdchen nicht ausschließlich der Tarnung diene, sondern auch dazu, Gefühle auszudrücken.

Auch Biologinnen vertreten diese Theorie. Doch zur Wissenschaft hat die Autodidaktin ein ambivalentes Verhältnis. »Die Meeresforscher haben bisher stärker von uns Aquarianern und Züchtern profitiert als umgekehrt«, sagt Theys selbstbewusst. Und mitunter würden Forscher über ihre Lieblingstiere gar »falsche Mythen« verbreiten. »Ich verbiete es meinen Seepferdchen daher strikt, manche Fachbücher zu lesen.« Nicht wenige Fachleute würden zum Beispiel davon abraten, Seepferdchen gemeinsam mit anderen Fischen zu halten, ärgert sich Theys. »Dabei ist das totaler Quatsch! Meine Erfahrungen aus den letzten sechzehn Jahre beweisen das Gegenteil.«

Ihr erstes Aquarium unterteilte sie noch mit Gaze in zwei Bereiche: einen für die Rosse der Meere, den anderen für die Clown- und Doktorfische. Doch bald löste der Stoff sich aus der Verankerung, und die künstliche Artentrennung war futsch. »Die Einzigen, die irritiert reagierten, waren die Clownfische«, erinnert sich Theys. »Sie brauchten eine Woche, um sich an ihre seltsamen, schuppenlosen neuen Mitbewohner zu gewöhnen.« Die Seepferdchen dagegen zeigten weder Angst noch Scheu – und das Zusammenleben klappte prima. Seither setzt Theys im Aquarium auf Multikulti. Sie hielt ihre Schützlinge zum Beispiel auch schon erfolgreich als Mitbewohner in einem Becken mit Zwergkaiser- und Zwerglippfischen. Ein Zusammenleben mit Putzergarnelen dagegen könne riskant sein. Manche dieser Krebstiere räumen bei Heißhungerattacken schwangeren Seepferdchenmännchen nämlich die Bauchtasche aus und futtern die heranreifende neue Generation bereits vor deren Geburt weg. Dennoch ist Theys überzeugt, dass Seepferdchen generell lieber mit vielen verschiedenen Fischen zusammenwohnen als ausschließlich unter Artgenossen.

Regelmäßig hält sie Gastvorträge bei Aquarianern in ganz Deutschland. Auch auf YouTube gibt sie ihr Wissen weiter. Eine ihrer Botschaften: »Wenn Seepferdchen im Becken verhungern, darf man nie den anderen Fischen die Schuld geben.« Die meisten anderen Flossentiere seien zwar in der Tat schneller als ihre Lieblinge. Aber wo sei das Problem? »Manche Leute haben ja auch zwei Hunde, von denen einer dominant ist«, sagt sie. Dann müsse man den beiden eben so viel Futter geben, dass, wenn der Dominante seinen Hunger gestillt habe, auch für den Zarteren noch genug abfalle. So einfach sei das auch bei Fischen.

Einsteigern empfiehlt sie Seepferdchen, die in einem Aquarium geboren wurden. Schon weil es Geduld und Erfahrung brauche, Wildfänge von Lebend- auf Frostfutter umzugewöhnen. Ein weiterer Vorteil von Seepferdchen aus Nachzuchten: Sie sind zutraulicher, weil sie von klein auf ohne Gefährdung durch Fressfeinde aufwuchsen und Menschen kennen.

Wenn man dem Internet glaubt, brauchen diese Fische wenig Platz: Auf Portalen von Seepferdchenfans heißt es, dass für drei Pärchen ein 80-Liter-Becken ausreiche. »Ja, ja«, spottet Elena Theys und verzieht das Gesicht zu einer Grimasse. Dickbauchseepferdchen (*H. abdominalis*) zum Beispiel werden 35 Zentimeter groß, sagt sie. »Die müsste man in einem solchen Minibecken stapeln.«

Dutzende Arten von Seepferdchen gebe es auf der Welt, erzählt sie, alle mit ihren Besonderheiten. Und dennoch vertraut auch Theys auf einige Faustregeln: Meerwasseraquarianern mit Erfahrung empfiehlt sie zur Haltung von zwei bis drei Seepferdchenpärchen ein Becken, das mindestens 130 Liter fasst. Greenhorns dagegen für dieselbe Bewohnerschaft ein fast doppelt so großes Becken. Denn bei der hohen Futtermenge, die man benötige, sei es nicht immer leicht, die Übersicht zu bewahren. Und aufgrund der Panzerung dieser Tierchen falle es Neulingen zum Beispiel oft schwer, zu erkennen, ob die Bauchdecke eines Seepferdchens wegen Unterernährung eingefallen sei.

Ihre Zauberformel zur Ernährung: »Jedes Seepferdchen braucht fünfmal so viel Futter wie ein anderer Fisch gleicher Größe.« Egal ob es sich um ein Zwergseepferdchen (*H. zosterae*) handelt, das keine drei Zentimeter misst, oder ein riesiges Dickbauchseepferdchen. »Seepferdchen haben keinen Magen, nur einen Darm«, erklärt Theys. Daher seien sie schlechte Futterverwerter. »Das verdeutlicht aber in erster Linie, was für erstklassige Jäger sie sind. Denn sonst hätte die Evolution bei diesen Tieren sicherlich für einen effizienteren Verdauungsapparat gesorgt.« Eine weitere Faustregel: »Man muss jeden Tag so viel Futter ins Becken geben, dass die Seepferdchen sich mindestens sechzig Minuten lang satt fressen können, ohne dass ihnen schnellere, noch immer hungrige Fische das Futter streitig machen.« Dann sei man auf der sicheren Seite. Ansonsten macht sie Seepferdchenhaltern Mut zum Experimentieren. »Das Leben ist ein Abenteuerspielplatz«, sagt sie. Unterschiedliche Impulse und Anregungen seien daher auch für diese Tierchen meist vorteilhaft.

Mittagessen! Elena Theys tritt an ihren großen Kühlschrank mit Futtervorräten und greift eine Schachtel heraus. Dann öffnet sie den Deckel eines Aquariums und lässt einen schneeweißen Würfel ins Wasser gleiten, etwas größer als ein Zuckerstückchen für den Kaffee. Eine Weile schwebt der Würfel im Becken. Dann zerfleddert er. Es bilden sich unzählige Fusseln, die wie Schneeflocken aussehen. »Mini-Schwebegarnelen«, erklärt Theys. Zuvor waren sie tiefgefroren und in Würfelform gepresst, im lauwarmen Wasser tauen sie auf.

Gemächlich pirschen sich zwei Seepferdchen heran, senkrecht aufgerichtet, wie man diese Tiere aus Bilderbüchern kennt. Ohne jede Hektik kommen sie den Fusseln immer näher. Und dann – schwupp! Plötzlich sind alle Schwebegarnelen weg. War ich kurz abgelenkt? Die Meerestier-Zoohändlerin schüttelt den Kopf. »Seepferdchen saugen Beute mit ihrer Röhrenschnauze schneller ein, als das menschliche Auge gucken kann.« Besonders gerne mögen sie Mysis-Schwebegarnelen, die aufgrund ihrer Transparenz auch Glaskrebse genannt werden. Ist nichts Schmackhafteres da, verzehren sie aber auch Mini-Salzwasserkrebse (*Artemia*). Und: »Fressen neu erworbene Tiere nach drei Tagen noch immer nicht, sollte man sich vom Händler oder Tierarzt beraten lassen.«

Die Seepferdchenpassion von Elena Theys begann mit einem Missverständnis: 2004 war sie nach längerer Zeit mal wieder in Süddeutschland zu Besuch, in ihrer alten Augsburger Heimat, erzählt die Wahl-Visselhövederin. Im Vorbeigehen blickte sie kurz ins Schaufenster der örtlichen Zoohandlung. Die Vitrine war mit zwei riesigen Seepferdchen aus Kunststoff dekoriert, die orangefarben leuchteten. »Wow!«, dachte Theys. »Was für tolle Lampen!« Da begannen die Tiere sich plötzlich zu bewegen. »Das sind ja gar keine Leuchtkörper«, erkannte Theys. »Das sind lebendige Seepferdchen in einem Aquarium!«

Elena Theys konnte sich kaum sattsehen. Sie stürmte ins Geschäft und fragte dem Verkäufer Löcher in den Bauch. Die beiden Rosse der See, fast dreißig Zentimeter groß, seien Wildfänge aus Brasilien, erfuhr sie. Und es handle sich um ein Liebespaar. Woran man das erkenne, wollte sie wissen. In der Augsburger Zoohandlung hörte sie erstmals von den Hochzeitstänzen und der Männerschwangerschaft bei diesen Fischen.

Für 150 Mark kaufte sie die beiden Flossentiere. In einem mit Meerwasser gefüllten Plastikbeutel brachte sie das Pärchen wohlbehalten nach Norddeutschland, quartierte sie zu Hause in einem Aquarium ein – und eine verrückte Geschichte nahm ihren Lauf.

Normalerweise gebe sie ihren Seepferdchen keine Namen, sagt Theys und streicht sich die langen Haare aus der Stirn. »Es fällt mir auch so schon oft schwer genug, Tierchen an Kunden abzugeben.« Namen würden Bindung und Trennungsschmerz noch verstärken. Bei Individuen, die ihr besonders ans Herz wachsen, hält sie diese Regel aber mitunter nicht durch: Den Seepferdchenhengst Charly jedenfalls wird sie nie vergessen – das stärkste Männchen aus der Herde ihrer »Brasilianischen Riesen«. Eine orangefarbene Galionsfigur, der Physiognomie von Charly liebevoll nachempfunden, schmückt bis heute das Eingangsportal der Meerestierhandlung. »Charly wurde über sieben Jahre alt«, erzählt Elena Theys und strahlt übers ganze Gesicht. Für ein Seepferdchen im Aquarium ist das ein beinahe biblisches Alter. Aber greifen wir nicht vor.

Die Ernährung sei bei Wildfängen die Krux, hatte sie der Augsburger Zoohändler 2004 vorgewarnt: Solche Seepferdchen akzeptieren nur lebendes Futter. Sonst treten sie in Hungerstreik. Theys kam eine Idee. Sie flitzte im Auto nach Cuxhaven an die Nordsee hoch und bequatschte dort Krabbenfischer, bis diese ihr das Kleingetier aus ihren Netzen überließen. Zwei große Eimer füllte sie mit winzigen Schwebegarnelen, Flohkrebsen und Asseln. Zu Hause im Becken war die Begeisterung groß. Mit Heißhunger verschlangen die beiden Riesenseepferdchen aus Brasilien die Leckerbissen. Seit der Episode mit der Gaze-Trennwand tummelten sich ihre Lieblinge gemeinsam mit Clown- und Doktorfischen im Becken. Jetzt, mit dem Lebendfutter aus der Nordsee, schienen sich die »Brasilianischen Riesen« erst recht pudelwohl zu fühlen. »Schon bald begannen sie miteinander zu tanzen«, erzählt Theys.

Komplizierter gestaltete sich der Papierkram. Denn genau in jener Zeit wurde die Meldepflicht für Seepferdchen eingeführt. Viele Seepferdchenarten gelten als bedroht. Daher muss man als Käufer Seepferdchen bei den lokalen Naturschutzbehörden registrieren lassen, lernte Theys. Sonst macht man sich strafbar. Doch um die Tiere dort offiziell anzumelden, muss man wissen, zu welcher Spezies sie gehören.

Es gibt viele Arten von Seepferdchen, wusste Theys bereits. Und bei ihrem Pärchen handelte es sich um Wildfänge aus Brasilien. Aber welche Spezies? Die Bankangestellte wälzte Fachbücher mit Hunderten von wissenschaftlichen Beschreibungen. Nirgends wurde sie fündig. Schließlich warf sie das Handtuch. Offiziell existierte die Art, zu der ihre Schützlinge gehörten, gar nicht. Wahrscheinlich handelte es sich also um sehr seltene Tiere. »Spätestens da wurde mir klar, dass ich Seepferdchenzüchterin werden musste«, erzählt Elena Theys.

Doch dafür brauchte sie Platz. Ihr Wohnzimmer war ungeeignet. Die ersten Zuchtaquarien baute sie in der Waschküche auf. Und schon nach wenigen Monaten wurde ihr klar: Ohne Helfer ist das alles nicht zu stemmen. Immerhin: Die Riesenseepferdchen aus Brasilien gewöhnten sich schnell an gefrorenes Futter – und schon nach wenigen Monaten kam Nachwuchs zur Welt. »Wie rasant die wunderschönen, dunkelgelben Seepferdbabys heranwuchsen, bestärkte mich darin, nie aufzugeben. Auch bei den vielen Rückschlägen nicht, zu denen es bald kam«, sagt Theys.

Auch die Waschküche wurde zu klein. Elena Theys brachte ihre inzwischen siebzehn Aquarien in einer Garage unter. Mit Gleichgesinnten gründete sie einen Seepferdchen-Förderverein und veranstaltete Führungen durch ihren Seepferdchenzoo. Ein TV-Team drehte in der Garage sogar eine Tier-Doku. Immer mehr

Arbeit fiel an. Sie stellte Ein-Euro-Jobber ein. »Viele kamen schon nach wenigen Tagen nicht mehr«, erzählt sie. »Denen war das viel zu stressig.« Aber einige hielten durch und fanden auf diesem Weg später wieder in den Arbeitsmarkt zurück. »Sie sehen«, sagt Elena Theys zufrieden, »Seepferdchen können dabei helfen, Gutes zu tun.«

Die Tierhändlerin bittet mich, sie eine Weile zu entschuldigen, und setzt sich an den Schreibtisch hinter der mit Seepferdchenkrimskrams verzierten Ladentheke. Sie müsse sich um Bestellungen kümmern. Unterdessen könne ich ja die tropischen Langschnäuzigen Seepferdchen im Becken ganz links beobachten.

Doch wo haben die sich verkrochen? Wasser, Grünzeug, Felsbrocken, ein paar graue Fischlein. Weit und breit kein Seepferdchen. Endlich entdecke ich doch eines: Beige-grau gesprenkelt, schmiegt es sich an die Rückseite eines Felsbrockens. Dann erspähe ich noch ein zweites Exemplar. Es ist korpulenter und hält sich hinter einem anderen Felsen versteckt. Seine gepanzerte Körperoberfläche wirkt selbst wie aus Stein. Die perfekte Tarnung! Doch wozu das Versteckspiel? Die zum Kuddelmuddel verknoteten größeren Tierchen heute Morgen waren doch total zutraulich! Ob mich Seeponys weniger mögen als Seerosse?

Wahrscheinlich liegt da ein Missverständnis vor, dämmert mir nach einer Weile. Erinnerungen an einen Familienurlaub in Italien gehen mir durch den Kopf. Eine Woche lang glaubte ich da, die Einheimischen fänden mich und mein Kauderwelsch-Italienisch charmant und seien aus diesem Grund so herzlich. Bis ich eines Morgens ohne meinen vierjährigen Sohn zum Bäcker ging und keine einzige Verkäuferin mehr lächelte. Nicht alles hängt von dir selbst ab, lernte ich damals. Auch Umfeld und Begleitung können eine Rolle spielen.

Seepferdchen jedenfalls reagieren grundsätzlich total begeistert auf mich – falls Elena Theys neben mir steht. Als die Seepferdchenflüsterin sich zu mir vor das Becken gesellt, kommen die beiden zehn Zentimeter kleinen Angsthasen mit Pipettenschnauze und Greifschwanz sofort neugierig hinter den Felsbrocken hervor. Der wissenschaftliche Name der tropischen Langschnäuzer lautet *Hippocampus reidi*, und sie sind im Westatlantik verbreitet, sagt die Expertin für Meeresaquaristik. Es scheinen seltsame Kerle zu sein: Das dünnere der Tierchen schwimmt nicht etwa in klassischer Seepferdchenart aufrecht im Wasser. Mit weit ausgestrecktem Greifschwanz kriecht es wie eine Schlange über den Boden des Aquariumbeckens. »Seepferdchen sind eben sehr vielseitige und besondere Fische«, sagt Elena Theys. Ihre Kiemen beispielsweise seien bis auf zwei winzige Löcher, rechts und links am Nacken, komplett geschlossen. Und was wie Ohren aussieht, seien die Brustflossen.

Ist der Dicksack da rechts schwanger? Die Tierhändlerin lächelt. Zumindest wisse ich offensichtlich, dass nicht die Weibchen trächtig würden. Das dicke Männchen sei aber nicht schwanger, sagt sie. Seine Bauchtasche habe sich nur vergrößert, weil er verliebt sei. »Beim *Homo sapiens* prahlen die Männchen dann ja oft mit ihrem dicken Geldbeutel.« Im Reich der Seepferdchen dagegen würden die Herren der Schöpfung versuchen, sich vor der Angebeteten mit ihrem gebärfreudigen Brutbeutel in Szene zu setzen.

Die Ladenglocke klingelt, Theys muss Kunden bedienen. Erst gegen Feierabend hat sie wieder Zeit und kommt erneut auf ihr Lieblingsthema zu sprechen: die »Brasilianischen Riesen«, mit denen ihre Seepferdchenpassion einst begonnen hat. Ein Biologe vom Leibniz-Zentrum für Marine Tropenforschung in Bremen forschte um das Jahr 2005 nicht etwa im Meer, sondern in ihrer Garage, erzählt sie. Mehrmals pro Woche wog er ihre südamerikanischen Seepferdchen und zählte deren Nachwuchs. Er ermittelte Reproduktionspausen, Länge-Gewicht-Relation, spezifische Wachstumsraten sowie Schwangerschaftshäufigkeit und -dauer.

Nach drei Jahren schloss er seine Diplomarbeit zum Thema *Parameter zum Lebenszyklus des brasilianischen Riesenseepferdchens* erfolgreich ab.

Damals wurden in der Garage unheimlich viele Jungtiere geboren, erzählt Theys mit leuchtenden Augen. Insgesamt etwa 34 000. »Und es gelang mir, immerhin einige Hundert großzuziehen.« Sie ist stolz auf ihr Leben für die Seepferdchen. »Aber ich habe auch immer wieder Lehrgeld bezahlt.« Die ersten Babys der »Brasilianischen Riesen« starben alle in den ersten drei Tagen. Die aus dem zweiten Wurf nach drei Wochen. Als das Männchen zum dritten Mal Jungtiere gebar, quartierte Theys diese vorsorglich in ein gesondertes Becken aus. Prompt schien alles besser zu laufen. Doch nach drei Monaten, als sie erstmals gefrorenes Futter fressen sollten, verstarben auch diese Jungtiere.

Wieder und wieder kamen Massen von Babys zur Welt. Der größte Wurf bestand aus 1472 Jungtieren. Elena Theys hat sie mehrmals gezählt. Und als sie ihnen winziges Zooplankton verfütterte, wuchs endlich eine neue Generation heran: mehrere Hundert »Seefohlen« der Großen Brasilianer, jedes bis zu sechs Zentimeter lang. Alles lief gut – bis, wie aus dem Nichts, kleine Quallen im Aquarium auftauchten. Schnell wuchsen sie von einem Millimeter auf 2,5 Zentimeter heran und schwangen sich auf den Rücken der Seepferdchen, als wollten sie Rodeo reiten. Kurz darauf bildeten sich auf der Haut der Seepferdchen weiße Flecken. Sie begannen schwer zu atmen, und viele starben. Ob die Quallen ihre Nesselgifte eingesetzt hatten?

Theys und ihre Helfer quartierten die Überlebenden aus. Sie leerten die Becken, reinigten sie gründlich. Doch sobald die Seepferdchen wieder ihr angestammtes Domizil bezogen, traten die Probleme erneut auf. Irgendwo im Verborgenen mussten die Quallen im Becken überlebt haben – und sie vermehrten sich wieder rasant. Experten rieten zu einer Spezialbehandlung mit Chemikalien, um Parasiten abzutöten. Für Fische sei das Mittel ungefährlich. Doch die Ratgeber hatten da wohl eher Karpfen oder Goldfische im Blick. Seepferdchen haben sensiblere Kiemen als die meisten anderen Fische. Den »Brasilianischen Riesen« verätzte das Präparat die Atmungsorgane. Alle Adulttiere starben.

Wie durch ein Wunder konnte Theys aber einundachtzig Babys rechtzeitig in einen anderen Tank verlegen. Mehrere Dutzend entwickelten sich prima, lebten noch im Sommer 2008 und wurden bis zu dreißig Zentimeter groß. Allerdings stellte die Seepferdchenflüsterin mit Bedauern fest, dass die zauberhafte orange Färbung, die ihr so gefallen hatte, mit jeder Generation schwächer wurde. Die Tiere hatten ihre Färbung zwischen Schwarz und Gelb des Öfteren gewechselt. Irgendwann aber blieben sie schwarz.

Vor mehr als zehn Jahren hat Elena Theys die letzten »Brasilianer« verkauft. Ob manche Aquarianer noch heute Nachkommen aus ihrer Züchtung dieser besonderen Seepferdchen als Haustiere halten, weiß sie nicht. »Vielleicht meldet sich ja mal ein ehemaliger Käufer«, sagt sie. »Würde mich freuen!«

Ob es sich bei den »Brasilianern« tatsächlich um eine neu entdeckte Art handelt, ist noch immer umstritten. Der renommierte Seepferdchenexperte Rudie H. Kuiter aus Melbourne jedenfalls hat die Zuchterfolge aus Visselhövede in einem Fachbuch ausführlich gewürdigt. Er gehört zur Fraktion, die überzeugt ist, dass die »Brasilianischen Riesen« eine eigene Spezies sind und nicht »nur« eine besonders schöne Unterart der tropischen Langschnäuzigen Seepferdchen (*H. reidi*). In seinem Überblickswerk *Seahorses and their Relatives* bezeichnet Kuiter sie provisorisch als *Hippocampus cf reidi* – »cf« für »vergleichbar mit«. Er hofft, dass diese Art bald wissenschaftlich anerkannt und ein treffender Name für sie gefunden wird.

Elena Theys greift eine dicke Mappe aus einem Regal mit Fachbüchern und Unterlagen für die Buchhaltung. Sie wühlt in Zeitungsberichten über ihre Arbeit. Stimmt es eigentlich, dass die Seepferdchen vom Aussterben bedroht sind? Die Tierhändlerin hält kurz inne und denkt nach. »Ja und nein«, sagt sie schließlich. Manche Arten seien bis heute in vielen Meeren weit verbreitet. Das wisse sie durch ihre Kontakte mit Händlern aus unterschiedlichen Erdteilen. »Manche Spezies bräuchte man nicht unter Schutz zu stellen.« Wäre da nicht ein Problem: Welcher Laie kann zum Beispiel Gelbe Ästuarenseepferdchen (*H. kuda*) von ähnlich aussehenden, aber viel selteneren Arten unterscheiden? Zumal in getrocknetem Zustand, wie diese Tiere zur Verarbeitung für Heilmittel der Traditionellen Chinesischen Medizin (TCM) in riesigen Mengen gehandelt werden?

Der Markt für Seepferdchen als Zierfische ist deutlich kleiner. Sich für das heimische Aquarium Seepferdchen in der Wildnis zu fangen, sei dennoch schon lange verboten, betont sie. Und das Artenschutzabkommen CITES, das 183 Nationen unterzeichnet haben (vgl. Kapitel 19), schreibt vor, dass ausschließlich Seepferdchen ab einer Länge von zehn Zentimetern in den internationalen Handel gelangen dürfen. Schon aus diesem Grund lassen sich in Europa derzeit gerade mal ein knappes Dutzend Seepferdchenarten auf legalem Weg beschaffen: Neben den tropischen Langschnäuzigen Seepferdchen und den Linienseepferdchen gehören zum Beispiel auch die Zwergseepferdchen dazu. »Zwergseepferdchen hatte ich selbst schon oft im Sortiment«, sagt Theys. Mit einer Maximallänge von knapp drei Zentimetern seien sie zwar eigentlich sieben Zentimeter zu klein für den internationalen Handel. Aber aus Florida dürfen Wildfänge dieser Art zeitweise dennoch nach Deutschland eingeführt werden. Manchmal helfe es, die richtigen Winkelzüge und Sonderbewilligungen zu kennen, sagt Theys und grinst. In ihrem Beruf müsse man halt immer die Augen offen halten. Und solange man auch das Wohl der Tiere ständig im Blick habe, dürfe man ruhig clever sein.

CITES sei grundsätzlich eine gute Sache, betont sie. Im Detail habe sie allerdings manche Zweifel. Zum Beispiel die Sonderregelung mit dem »persönlichen Bedarf« sei seltsam: Jeder Reisende weltweit darf am Zoll vier tote Seepferdchen mitführen. Diese Anzahl gilt als »persönlicher Bedarf« – und wird kulant behandelt. »Hast du dagegen ein einziges lebendes Seepferdchen im Gepäck, kriegst du riesigen Ärger.« Beschlagnahmung sei noch das Mindeste. »Völlig absurd!«, sagt Theys. Die Politik sei dringend gefordert, da nachzubessern.

Zumindest, was die Lokalpolitik in Niedersachsen betrifft, konnte die Seepferdchenflüsterin aus Visselhövede mit ihrer Expertise bereits einmal Einfluss nehmen: 2008 wollten die Grünen bei der dortigen Landtagswahl mit den Themen Klima- und Meeresschutz punkten. Auf Plakaten und Flyern ersetzten sie das Pferd aus dem Wappen von Niedersachsen durch ein Seepferdchen. »Nette Idee«, sagt Theys. Weniger gelungen sei hingegen der Slogan dazu gewesen: »Klimawandel stoppen – damit keine Seepferdchen in die Nordsee einwandern!« Theys tippt sich an die Stirn. »In der Nordsee leben seit Menschengedenken Seepferdchen.« Vor der norddeutschen Küste kommen, wenn auch selten, sogar zwei unterschiedliche Arten vor: die Langschnäuzigen Seepferdchen und die Kurzschnäuzigen Seepferdchen. Dass die niedersächsischen Grünen sie als »Langschwänzige« und »Kurzschwänzige« bezeichneten, habe die Kampagne auch nicht gerade überzeugender gemacht, sagt Theys und verdreht die Augen.

Die Seepferdchenzüchterin rief in der Parteizentrale an und beschwerte sich. Zumindest sei man dort nicht beratungsresistent gewesen. Der Seepferdchenslogan wurde gestrichen. Gut möglich, dass dieser Schritt den Grünen, die 2008 auf acht Prozent kamen, die eine oder andere Wählerstimme rettete. Mit hoher Wahrscheinlichkeit jedenfalls hat der Hinweis der Tierhändlerin ihnen Häme erspart. »Was wäre das für ein Signal gewesen?«, sagt sie, noch immer fassungslos. »Fehlte nur noch die Forderung nach einer Obergrenze für Seepferdchen in der Nordsee!« Für sie steht fest: Das Seepferdchen gehört zu Deutschland!

Zumal Elena Theys mit zwei Seepferdchen aus der Nordsee über Jahre hinweg täglich zu tun hatte. »Da!«, sagt sie und zieht ein vergilbtes Foto aus der Mappe mit Zeitungsausschnitten, Briefen und anderen Erinnerungen. »Hier leben ›Fritzchen‹ aus Cuxhaven und seine Frau ›Frieda‹«, steht auf der Schautafel unter einem Becken. Das Foto wurde bei einer Dauerausstellung ihres Seepferdchen-Vereins aufgenommen, erzählt sie. »Das war eine schöne Zeit.«

Im August 2008 hatte ein Fischer aus Cuxhaven eines der seltenen Nordsee-Seepferdchen in seinem Netz gefunden: ein Kurzschnäuziges Seepferdchen (*H. hippocampus*). In einem Plastikeimer brachte der Fischer das Tierchen ins Großaquarium Sea Life in Cuxhaven, wo es »Fritzchen« getauft wurde und in einem kleinen Becken mit karger Ausstattung und ohne Mitbewohner ein neues Zuhause fand. »Sein Lieblingsplatz war auf einer dunkelgrünen Wasserpflanze aus Plastik«, erinnert sich Theys.

Lokaljournalisten bejubelten Fritzchen fast so enthusiastisch wie die Hauptstadt-Presse ein paar Jahre später das Eisbärbaby Knut im Berliner Zoo. Bald aber musste das Sea Life aus Kostengründen schließen. Wohin mit Fritzchen? Der Seepferdchen-Förderverein bot ihm Asyl an, und die Naturschutzbehörden gaben grünes Licht. Fritzchen kam in die Obhut von Elena Theys.

Im Oktober 2009 bezog er ein großes Becken. Die geliebte Plastikalge zog mit um. Fritzchen hing an ihr wie ein Kleinkind an seinem Lieblingskuscheltier. Sogar wenn Elena Theys die Pflanze aus dem Wasser nehmen musste, um sie zu reinigen. »Eisern klammerte er sich daran fest«, erzählt sie. »Und erst nach einer Weile rettete er sich mit einem mutigen Sprung zurück ins Becken.« Dann habe er jeweils ganz verloren gewirkt, bis die Wasserpflanze aus Plastik wieder bei ihm war. Aber Plastikalge hin oder her – Seepferdchen können an Land nur kurze Zeit überleben. Ihre Kiemen ermöglichen es ausschließlich, unter Wasser zu atmen.

Nach und nach zogen weitere Nordseetiere zu Fritzchen ins Becken: Schollen, Aalmuttern, Seesterne. »Dadurch ergaben sich für ihn viele neue Impulse und Erfahrungen«, erzählt Theys und klingt plötzlich wie eine Sozialarbeiterin. Oft habe er wild mit den Flossen gewackelt, wie um sich bemerkbar zu machen. »Und viele Kinder und Erwachsene lernten erst durch Fritzchen, dass es in der Nordsee Seepferdchen gibt.«

Das wohl Tollste in seinem Leben war die Begegnung mit Frieda. Diese Seepferdchenstute kam aus Kiel in die Obhut des Seepferdchen-Fördervereins. »Sie war in einem Aquarium geboren worden und hatte vor ihrer Ankunft noch nie einen anderen Fisch als ihre Eltern und Geschwister gesehen«, erzählt Theys. Als Frieda in Fritzchens WG einzog, umringten und musterten sie die Alteingesessenen. Das schüchterte sie ein. »Doch als Fritzchen sie erblickte, war er sofort wie entflammt«, erinnert sich Elena Theys. Endlich ein Weibchen!

Nach drei Tagen hatte Frieda ihre Angst vor den Mitbewohnern überwunden, obwohl viele von ihnen sie deutlich überragten. Fritzchen machte ihr den Hof – und die beiden wurden unzertrennlich. »Sie kuschelten häufig und dösten aneinandergeschmiegt in den Zweigen der Plastikpflanze.« Frieda und Fritzchen tanzten täglich miteinander und verfärbten sich dabei – typisch für positive Gefühle bei dieser Seepferdchenart – an Bauch, Rücken und Greifschwanz hell und im Gesicht dunkel, erzählt Elena Theys. Nur Kinder seien den beiden keine vergönnt gewesen.

Die Seepferdchenflüsterin bleibt noch eine Weile in Erinnerungen versunken. »Ein Meerwasseraquarium ist ein bisschen wie ein Garten«, sagt sie. Man brauche zu seiner Pflege heute keine hochkomplexen Spezialkenntnisse mehr. »Aber es ist ein Biotop, für das man Verantwortung übernehmen muss.«

Bei großen Würfen sterben auch in Aquarien meist viele der Jungtiere, einmal jedoch habe sie aus einer neuen Generation einer seltenen Seepferdchenart mehr als dreihundert Babys wohlbehalten großgezogen. »Da bin ich allerdings vier Monate lang jede Nacht alle zwei Stunden aufgestanden, um zu füttern«, erzählt Theys. »Ich weiß nicht, ob ich das noch einmal bringe.«

Werden in ihrer Meerestierhandlung Jungtiere geboren, freut sie sich immer wie ein Kind. Seit einigen Jahren züchtet sie aber nicht mehr aktiv. Auch weil das finanziell kaum mehr zu stemmen sei. Bei großen Zuchtstationen mit elektronischen Fütterungsmaschinen und in warmer Umgebung, etwa in Asien, sehe die Sache anders aus. Aber in Handarbeit, bei norddeutscher Witterung und mit geringen Herdengrößen, wie Theys die Sache betrieb, investierte sie oft bis zu 400 Euro in ein Riesenseepferdchen, bis sie es schließlich für 100 Euro verkaufen konnte. Besonders das Futter gehe ins Geld, dazu Miete und Heizkosten. Aber manchmal, da jucke es sie dennoch wieder in den Fingern. Vielleicht werde sie doch wieder züchten.

Eine Option wäre, beim Zoll beschlagnahmte, seltene Arten in Pflege zu nehmen und als Zuchttiere zu nutzen. »Diese Seepferdchen müssen ja irgendwo weiterleben«, sagt sie kämpferisch. »Und für ihren Nachwuchs würde ich, weil im Aquarium geboren, CITES-Papiere bekommen.« Ein weiterer Vorteil: Bei raren Spezies seien Liebhaber wohl eher bereit, kostendeckende Preise zu bezahlen.

Allerdings ist die Natur unberechenbar, insbesondere bei Seepferdchen. »Einmal habe ich von einer beliebten Spezies 300 Babys auf einmal großgezogen«, erinnert sie sich. Ein toller Erfolg. »Aber am Ende waren es 30 Weibchen und 270 Männchen. Und fast alle Kunden wollen Pärchen.« Auf etwa 200 Tieren sei sie schließlich sitzen geblieben und habe sie gepflegt, bis das letzte im Alter von sieben Jahren verstorben sei.

Warum bei fast jedem Wurf ein Geschlecht deutlich überwiegt, wird unter Seepferdchenforschern kontrovers diskutiert. Vielleicht spielt bei der Ausprägung des biologischen Geschlechts die Wassertemperatur eine Rolle. Bei manchen Fischen scheint das der Fall zu sein. Ein wichtiger Faktor ist dabei wahrscheinlich das Enzym Aromatase, das männliche in weibliche Geschlechtshormone verwandeln kann: Aromatase reagiert auf Temperaturveränderungen, haben Wissenschaftler festgestellt. Und andere Enzyme, die eine Vermännlichung fördern, wohl ebenso. Neuere Untersuchungen zeigten jedenfalls, dass warmes Wasser bei Fischen die Ausprägung männlicher Geschlechtsmerkmale begünstigt. Eine Studie mit neunundfünfzig Fischarten ergab: Bereits ein Anstieg der Wassertemperatur um ein bis zwei Grad kann das Verhältnis von Weibchen zu Männchen von eins zu eins auf eins zu drei verändern. »Die Zukunft ist weiblich«, wird mit Blick auf die menschliche Gesellschaft oft prognostiziert. Für viele Fische dagegen gilt – angesichts der globalen Klimaerwärmung – wohl eher: Die Zukunft ist männlich.

Ob diese Tendenz auch auf Seepferdchen zutrifft? Elena Theys zuckt mit den Schultern. »Als Jungtiere jedenfalls sehen sie alle noch immer wie Weibchen aus.« Im Alter von sechs bis zwölf Monaten präge dann ein Teil der Tiere männliche Geschlechtsmerkmale aus: vor allem die Bauchtasche. Doch keine Regel ohne Ausnahme. Mitunter scheint die Geschlechtszugehörigkeit bei Rossen der See auch später noch fließend zu sein: Ein Weibchen aus der Meerestierhandlung habe sich noch im Alter von zwei Jahren plötzlich in ein Männchen verwandelt – nachdem es sich mit seinen Eizellen bereits mehrfach fortgepflanzt hatte.

Wer mit Seepferdchen lebe, sagt Elena Theys und lächelt, müsse eben ständig auf alles gefasst sein.

2. Wir Gen anders

Warum Schwanzflossen überschätzt werden

»Eine Krone ist lediglich ein Hut,
in den es hineinregnet.«
Friedrich der Große

Der Löwe, das weiß jedes Kind, gilt als »König der Tiere«. Dabei hat er nicht einmal eine Krone. Die ungleich zarteren und kleineren Seepferdchen dagegen sind (fast) alle gekrönte Häupter. Überhaupt macht schon ihr Körperbau diese Wesen zu einer Kuriosität: der Torso mit Känguru-Tragebeutel, die unabhängig voneinander beweglichen Chamäleon-Augen, die lang gezogene Pipettenschnauze, der kräftige Klammerschwanz – und eben der majestätische Kopfschmuck. Wie die Natur wohl auf diese krude Mischung gekommen sein mag?

Die optische Ähnlichkeit der Rosse der Meere zu den Pferden an Land springt ins Auge. Doch kopfabwärts ist es mit den Gemeinsamkeiten schlagartig vorbei. Der Körper der Seepferdchen wirkt zerbrechlich, das Schwanzende wurmartig. Und Hufe? Fehlanzeige. Diese Kreaturen wirken vielmehr wie aus unterschiedlichsten Tieren zusammengebastelt – und inspirierten den menschlichen Geist wohl auch aus diesem Grund zu Fantasie-Mischwesen wie dem berühmten Hippokampos der Antike (vgl. Kapitel 5).

Biologen zählen die Seepferdchen zu den Fischen, obwohl sie keine Schwanzflosse, keine Bauchflossen und nicht einmal Schuppen haben. Dafür ist ihr Körper mit Knochenplatten verstärkt, und ihre Schnauze erinnert an eine Pipette. Was ist überhaupt fischartig an diesen Tieren? Sieht man genauer hin, eine ganze Menge: Seepferdchen atmen zum Beispiel durch Kiemen, sie haben eine Schwimmblase und auch einige Flossen, auch wenn diese Antriebs-, Steuerungs- und Stabilisierungsorgane winzig klein sind. Die Schwimmblase dient dazu, das Gewicht des knochigen Panzers auszugleichen. Sie kann Gas ausstoßen und absorbieren und reguliert auf diese Weise den Auftrieb – typisch für viele Fische. Die weiteren inneren Organe der Rosse der Meere entsprechen ebenfalls weitgehend denjenigen anderer Flossentiere: das Herz etwa, die Leber und die Nieren.

Generell lässt sich sagen: Was bei den Seepferdchen so ulkig und bizarr aussieht, hat funktionale Bedeutung. Es geht um die bestmögliche Anpassung an Umwelt und Lebensführung. Das Paradebeispiel ist der sich verjüngende, enorm bewegliche Greifschwanz. Er ersetzt die Schwanzflosse, mit der die große Mehrzahl der Fische beim Schwimmen durch Seitwärtsbewegungen Vortrieb erzeugt. Statt um vorwärtszukommen, nutzen Seepferdchen ihre hintere Körperhälfte denn auch lieber, um herumzuhängen, im wahrsten Sinne des Wortes.

Der Seepferdchenschwanz ist so lang und biegsam, dass die Rosse der Meere sich damit am Kopf kratzen oder ihn als körpereigenen Schal benutzen könnten. Doch das Organ hat eine andere Aufgabe: Es dient ihnen dazu, sich an Korallenfingern oder Seegrashalmen festzuklammern. Denn auf diese Weise sind Seepferdchen Wellengang und Strömungen mit ihren winzigen Flossen nicht hilflos ausgeliefert und können sich immer wieder vom auslaugenden Schwimmen erholen. Vielleicht würden manche ohne ihren Klammerschwanz gar von Wellen ans Ufer gespült.

»Festhalten ist das, was diese Tiere am besten können«, sagt der Meeresbiologe Ralf Schneider vom GEOMAR Helmholtz-Zentrum für Ozeanforschung in Kiel. »Seepferdchen sind keine guten Schwimmer, zumindest weder schnell noch ausdauernd.« Schnelle Beutetiere könnten sie auf diese Weise nie einholen. Daher setzen sie auf Tarnung und Überraschungsangriffe. Und für ein Tier, das bei der Jagd, und um selbst nicht gefressen zu werden, auf Tarnung setze, sei das Festklammern die bessere Strategie, als ständig auf der Stelle zu schwimmen. »Es gibt allerdings auch Fische wie Grundeln oder Schleimfische, die sich zur Erholung einfach auf den Meeresgrund setzen«, erzählt Schneider. Die Absicht, Kraft zu sparen, könne also kaum der Hauptgrund dafür sein, dass die Rosse der Meere so oft irgendwo Halt suchen.

Ralf Schneider vermutet vielmehr, dass auch eine Strategie gegen Fressfeinde dahintersteckt. »Es ist sehr schwer, ein Seepferdchen, das sich mit dem Greifschwanz festhält, abzulösen«, erzählt der Meeresbiologe. Und er muss es wissen. Denn diese Art Muskeltraining für die Finger gehört bei seinen Experimenten am GEOMAR in Kiel zum Alltag. »Viele Raubfische haben keine Chance, ein festgeklammertes Seepferdchen mit dem Maul loszureißen«, sagt Schneider. Der Klammerschwanz dieser Tiere ist so kräftig und clever konstruiert, dass er Roboterforscher bereits zu Erweiterungen des menschlichen Körpers anregte (vgl. Kapitel 16).

Seepferdchen haben keinen Magen. Durch ihre Speiseröhre gelangt die Nahrung direkt in eine Art Vordarm. Der Verdauungstrakt macht bei diesen Tieren gerade mal 40 Prozent der Körperlänge aus. Bei anderen Fleischfressern sind es fast 100 Prozent. Und viele Pflanzenfresser im Tierreich haben gar Gedärme und Mägen, die insgesamt dreimal so lang sind wie ihre Körpergröße. »Im Darm der Seepferdchen werden einige Nährstoffe durch spezielle Zellen in der Darmwand aufgenommen und ins Blut überführt. Doch alles, was nicht leicht verdaulich ist, flutscht einfach durch den Darm und wird über den Anus schnell wieder ausgeschieden.

Andere Abfallstoffe werden von den Nieren als Urin aus dem Blut gefiltert, längliche paarige Organe, die – ähnlich wie etwa beim Menschen – beidseitig an der Wirbelsäule liegen. Von dort aus wird der Urin in eine Art Blase geleitet und schließlich über die sogenannte Urogenitalpapille entsorgt«, erklärt der Seepferdchen-Experte und Meeresbiologe Daniel Abed-Navandi, stellvertretender Direktor am Haus des Meeres in Wien.

Der so simpel gebaute Verdauungstrakt der Seepferdchen ist ein Stressfaktor. Denn er macht diese Tiere zu schlechten Futterverwertern. Sie müssen fast ständig fressen. Und industriell verarbeitete, »tote« Nahrung, die ihnen in Aquarien oft angeboten wird, kann sie leicht überfordern, da Seepferdchen die Verdauungssäfte fehlen, die andere Tiere im Magen produzieren.

Charakteristisch für diese besonderen Fische ist, dass sie ausschließlich über Brust-, Rücken- und Analflossen verfügen. Die Brust- und die Rückenflosse lassen sich zudem flach an den Körper legen, was in dichter Vegetation Vorteile hat. So können die Rosse der Meere sich leichter durchs Leben schlängeln. Alle Seepferdchenflossen sind klein, zart und transparent. Das auffälligste dieser Organe findet sich am Rücken und ist für den Antrieb beim Schwimmen zuständig. Die beiden Brustflossen dagegen, links und rechts am Nacken, helfen – unterstützt von der winzigen Afterflosse – in erster Linie beim Navigieren und erzeugen nur wenig Vortrieb.

Bis zu fünfzig Mal pro Sekunde bewegen sich die Flossen bei manchen Seepferdchen wellenartig hin und her, haben Wissenschaftler gemessen. Diese Art Flossenbewegung nennen sie Ondulation. Doch die Flossen der Rosse der See sind so klein, dass manche dieser Tiere vor Erschöpfung sterben, wenn sie versuchen, durch stürmisches Meer zu navigieren.

Bei einigen Seepferdchenarten haben die Neugeborenen neben den Flossen an Rücken, Brust und am Analbereich auch eine

Schwanzflosse, die jedoch innerhalb weniger Tage abfällt. »Ein Relikt aus der Evolutionsgeschichte«, erklärt Biologieprofessor Axel Meyer von der Universität Konstanz. »Denn die Vorfahren aller Seepferdchen hatten noch eine Schwanzflosse.« Meyer konnte unlängst ein wenig erhellen, wie der ungewöhnliche Bauplan der Seepferdchen in grauer Vorzeit wohl zustande kam. »Wir haben versucht, im Genom Erklärungen dafür zu finden, warum Seepferdchen wie Seepferdchen aussehen und sich auch so benehmen«, sagt der Wissenschaftler. Gemeinsam mit Kolleginnen und Kollegen aus Deutschland, China und Singapur entschlüsselte Axel Meyer das Erbgut (DNA) des Tigerschwanz-Seepferdchens (*H. comes*) und publizierte die Ergebnisse 2016 in der renommierten Wissenschaftszeitschrift *Nature*. Unter anderem stellten die Forscher fest, dass sich die Besonderheiten beim Körperbau der Seepferdchen im Genom hauptsächlich auf drei Faktoren zurückführen lassen: den Verlust von Genen, den Ausfall sogenannter regulativer Elemente sowie die Verdoppelung von Genen.

Exakt 23 458 Gene zählten die Wissenschaftler im Erbgut des Tigerschwanz-Seepferdchens. Eine sehr hohe Zahl. Selbst das Humangenom weist nicht mehr unterschiedliche Erbanlagen auf. Die Experten gehen allerdings davon aus, dass die Verschaltungen der einzelnen Gene beim *Homo sapiens* komplexer sind als bei den Rossen der Meere. Was aber bewirken die zahlreichen Erbanlagen? Und wie werden sie gesteuert?

Für die Entwicklung der Bauchflossen von Fischen spielt zum Beispiel ein Gen namens tbx-4 eine wichtige Rolle, wusste man bereits aus anderen Untersuchungen. Und exakt diese Erbanlage fehlt bei den Seepferdchen – genauso wie die Bauchflossen. Besteht da ein kausaler Zusammenhang? Meyer und seine Kollegen überprüften diese Hypothese, indem sie das tbx-4-Gen bei Zebrabärblingen, die normalerweise Bauchflossen haben, mithilfe der Gen-Schere Crispr ausschalteten. »Bingo!«, erzählt der Evolutionsforscher. »Auch diese genmanipulierten Fische verloren ihre Bauchflossen – wie einst das Seepferdchen.«

Die Rosse der Meere benötigen ja auch keine Bauchflossen, sagt Axel Meyer. Denn während andere Räuber, wie etwa die Fächer- und Schwertfische, mit Spitzengeschwindigkeiten von etwa hundert Stundenkilometern durchs Wasser rasen, lassen es die Seepferdchen ruhig angehen. Und mangels Bauchflossen werden sie außerdem weniger stark vom Wellengang durchgeschüttelt, vermutet der Biologe.

In puncto Schwimmen haben Seepferdchen generell wenig mit anderen Flossentieren gemeinsam, schon weil sie so langsam vom Fleck und schnell außer Atem kommen. Kein Wunder, stehen sie doch in aufrechter Position im Wasser und verhalten sich alles andere als stromlinienförmig. Prompt gehören auch die langsamsten Fische der Welt zu dieser Gattung: Zwergseepferdchen (*H. zosterae*), die in Florida, Texas, Mexiko und auf den Bahamas heimisch sind, erreichen eine Höchstgeschwindigkeit von gerade mal 0,054 Stundenkilometern. Zum Vergleich: An Land sind selbst Weinbergschnecken doppelt so schnell.

Doch Seepferdchen haben es ja auch gar nicht nötig, sich abzuhetzen. Stattdessen setzen sie auf gute Tarnung. Vor neugierigen Blicken verborgen, fallen sie ihre Beute aus dem Hinterhalt an. Viele Rosse der Meere können die Färbung ihrer Haut der Umgebung anpassen. Und sogar als Schauspieler sind sie talentiert: Sie ahmen zum Beispiel die leuchtend orange Farbe und Oberflächenstruktur einer bestimmten Weichkoralle nach oder mimen ein gelbes Mangrovenblatt, das im Wasser treibt. Einige Arten haben zudem spezielle Hautlappen am Körper, die an die Blätter von Wasserpflanzen erinnern. Im Wirrwarr eines Algengeflechts sind sie schon daher kaum zu erspähen. Und auch wenn die Miniflossen der Seepferdchen es nicht ermöglichen, in hohem Tempo weite Strecken zurückzulegen, erfüllen auch diese zarten Organe einen wichtigen Zweck: Sie machen die Tiere wendig und erlauben es ihnen, geschmeidig durch Dickichte aus Korallen und Wasserpflanzen zu schwimmen.

Weshalb aber haben Seepferdchen als Raubtiere keine Zähne? Im 19. Jahrhundert erschienen in britischen Zeitungen noch Inserate für »seahorse teeth« – also »Seepferdchenzähne«. Doch das lag an mangelnder Bildung der Werbetexter, die *Hippocampus* (Seepferdchen) offensichtlich mit *Hippopotamus* (Flusspferd) verwechselt hatten. Die etwa 30 Zentimeter langen Elfenbein-Eckzähne von Flusspferden waren damals sehr begehrt. Aus diesem kostbaren Material wurden vor allem künstliche Zähne hergestellt. Seepferdchen dagegen haben keinerlei Kauwerkzeuge.

Axel Meyer von der Universität Konstanz und seine Kolleginnen und Kollegen in Asien und Europa stießen bei ihren mikrobiologischen Untersuchungen auf eine Besonderheit im Erbgut, die die Zahnlosigkeit dieser Meeresbewohner erklären könnte: In der Seepferdchen-DNA, stellten sie fest, fehlt ein wichtiges Phosphoprotein, das bei vielen Tieren eine zentrale Rolle bei der Bildung von Zahnschmelz spielt. Mit hoher Wahrscheinlichkeit hat der Wegfall dieses Proteins im Lauf der Evolution dazu geführt, dass die Rosse der Meere keine Beißwerkzeuge mehr ausprägen. »Und wozu auch Zähne?«, sagt Axel Meyer. Sind die Kiefer der Seepferdchen doch zu einer röhrenförmigen Schnauze verwachsen, die sich erstklassig eignet, um winzige Beutetiere unzerkaut einzusaugen.

Für evolutionäre Veränderungen des Körperbaus sind häufig auch sogenannte Schalter in der DNA zuständig, die Erbanlagen an- und ausschalten oder deren Aktivität verändern können. Und im Erbgut der Seepferdchen fehlen auffällig viele Gen-Schalter. Wahrscheinlich habe das ihren für Fische so untypischen Körperbau und die besondere Schwimmhaltung begünstigt. Eigenheiten, von denen die Rosse der Meere bis heute profitieren: Mit ihrem senkrecht im Wasser schwebenden Körper fallen sie zum Beispiel zwischen den in Richtung Wasseroberfläche wachsenden Seegrashalmen weniger auf. »Und vielleicht werden durch ihre ungewöhnliche Haltung und Gestalt auch Fressfeinde durcheinandergebracht, deren Beute normalerweise ganz anders aussieht«, sagt Axel Meyer.

Insbesondere in Bereichen, die bei anderen Fischen (und zum Beispiel auch beim Menschen) für die Ausprägung des Skeletts zuständig sind, weisen Seepferdchen im Erbgut so manchen typischen Gen-Schalter nicht auf. Mit offensichtlichen Konsequenzen: Wer glaubt, Seepferdchen seien zart und zerbrechlich, liegt bei fast allen Arten falsch. Diese Flossentiere haben eine harte Oberfläche: eine Art Exoskelett aus miteinander verbundenen Knochenplatten, das von schuppenloser Haut überspannt wird. Dafür haben die Rosse der Meere zwar eine Wirbelsäule, aber keine Gräten. Die Verbindungen zwischen den Knochenplatten des Exoskeletts ragen wie Grate, Beulen oder Stacheln hervor und geben Fachleuten Anhaltspunkte, um unterschiedliche Arten von Seepferdchen voneinander abgrenzen zu können. Im Bereich des Klammerschwanzes sind die Knochenplatten über besonders flexible Gelenke miteinander verbunden.

Die Panzerung durch das Exoskelett, mitunter Stacheln und meist wenig Fleisch am Knochen – all das macht Seepferdchen zu wenig attraktiven, schwer verdaulichen Beutetieren. Zwar wissen Experten von zweiundachtzig unterschiedlichen Fressfeinden der Rosse der Meere: Raubfische wie Makrele, Thunfisch oder Dorade gehören ebenso dazu wie Kraken und Seevögel, haben Analysen von deren Mageninhalt ergeben. Viele dieser Raubtiere kosten einen so harten Brocken aber wohl nur ein einziges Mal.

Der Panzer aus Knochenplatten ist auch der Grund dafür, dass Zoologen Seepferdchen früher für Insekten oder Krebstiere (*Crustacea*) hielten. Anders als etwa bei Hummern wächst der

Schutzmantel der Seepferdchen aber ständig mit und muss nicht unter hohem Energieaufwand von Zeit zu Zeit abgeworfen und neu gebildet werden. Experten gehen davon aus, dass der Verlust der entsprechenden regulativen Sequenz für den Skelettbau in der DNA bei den Rossen der Meere die Ausprägung des knöchernen Panzers begünstigt hat.

Vielleicht am interessantesten für Forscher wie Axel Meyer sind jedoch Gen-Verdoppelungen in der DNA, die immer wieder in der Evolution entstehen. »Kommt es zu einer solchen Verdoppelung, kann das eine Gen die ursprüngliche Funktion weiterhin ausführen, während das andere freier ist, Mutationen – also spontan auftretende, dauerhafte Veränderungen des Erbguts – zu tolerieren und so mitunter auch neue Funktionen entstehen zu lassen«, erklärt der Biologieprofessor. Es werde also gleichsam eine Spielwiese für die Evolution geschaffen. »Und auf diese Weise ist wahrscheinlich auch die Schwangerschaft männlicher Seepferdchen möglich geworden.« Unter anderem haben Forscher bei den Rossen der Meere die Vervielfältigung eines Gens aus der c6ast-Genfamilie im Auge. Vielleicht helfen Kopien dieses Gens zum Beispiel dabei, den Verschluss des Brutbeutels zu öffnen, und erleichtern den Männchen so die Geburt.

Wozu aber benötigt ein Fisch einen Pferdekopf? Wofür Pausbacken und eine lange Schnauze? Warum haben Seepferdchen als einzige Fische einen Hals? Wieso blickt ihr Kopf nach vorne und steht – anders als bei allen anderen Fischen – im rechten Winkel zum Rumpf? Und schließlich die Krone auf dem Haupt: Dient der majestätische Kopfschmuck als Zierde, um Sexualpartner anzulocken, wie der prunkvolle Schwanz männlicher Pfauen? Unwahrscheinlich. Denn weshalb sollten bei den Rossen der See dann sowohl Weibchen als auch Männchen auf gleiche Weise geschmückt sein? Handelt es sich vielleicht schlicht um einen elegant geformten Schutzhelm?

Die lang gezogene Schnauze sowie die Pausbacken ermöglichen das blitzschnelle Einsaugen von Beute, ergaben wissenschaftliche Studien: Je länger die Pipettenschnauze, desto flinkere Beutetiere können Seepferdchen erlegen. Und wahrscheinlich war es nicht zuletzt ihre ungewöhnliche Kopfhaltung, die den Rossen der Meere gegenüber anderen kleinen Raubfischen einen Jagdvorteil verschafft hat (vgl. Kapitel 3). Neuere Forschungsarbeiten zeigen zudem, dass ihre besondere Kopfform und -haltung wie eine körpereigene Tarnkappe wirkt und etwa die Jagderfolge der unfassbar langsamen Zwergseepferdchen erst möglich macht (vgl. Kapitel 6). Die Krone wiederum spielt bei der akustischen Kommunikation von Seepferdchen eine wichtige Rolle (vgl. Kapitel 7). Sie trägt dazu bei, dass die Tiere über Klickgeräusche miteinander kommunizieren können: zum Beispiel, um sich zur Paarung zu verabreden.

3. Wie alles begann

Auf der Suche nach dem Urseepferdchen

»Auch das kleinste Ding hat seine Wurzel
in der Unendlichkeit, ist also nicht völlig zu ergründen.«
Wilhelm Busch

Eine alte Legende der Seri, eines indigenen Volks aus Mexiko, erklärt die Entstehung der heutigen Rosse der Meere so: Als die Welt noch jung war, konnten alle Tiere sprechen und trugen Kleider wie Menschen – auch das Seepferdchen. Damals lebte es noch an Land, auf der Isla Tiburón im Golf von Kalifornien, und war für seinen schlechten Charakter berüchtigt. Einmal provozierte es andere Tiere so stark, dass diese ihm hinterherrannten und Steine warfen. Außer Atem erreichte das Seepferdchen den rettenden Strand. Es schlüpfte aus seinen Sandalen, steckte sich diese in den Hosenbund, stürzte sich todesmutig ins Meer – und tauchte für immer ab. Bis heute, so die Legende, haben alle Seepferdchen im Meer an der Stelle, wo ihr Urahn einst seine Sandalen im Hosenbund trug, eine zarte Flosse – die kleine, aber wichtige Rückenflosse, die ihnen beim Schwimmen als Antrieb dient.

Evolutionsforscher suchen nach anderen Erklärungen für die Flossenausstattung und Schwimmtechnik der Rosse der Meere. Auch sie wollen ergründen, wo, wann und weshalb diese ungewöhnlichen Fische entstanden sind. Einer der renommierten Fachleute für die Evolution der Seepferdchen ist der südafrikanische Professor für Meeresbiologie Peter Teske von der University of Johannesburg, ein dynamischer Mann mit Kurzhaarfrisur und Dreitagebart. »Seepferdchen sind einzigartig unter den Knochenfischen«, sagt Teske. »Denn ausschließlich sie schwimmen in aufrechter Haltung und halten dabei den Kopf im rechten Winkel zum Körper.« Wann sich dieses so elementare Merkmal genau entwickelt habe, sei leider noch immer umstritten. Zumal es in dieser Phase der Evolutionsgeschichte ein *Missing Link* gebe – ein fehlendes Fossil also, das einen wichtigen Übergang dokumentieren würde.

Aufgrund ihres knochigen Panzers und ihrer Wirbelsäule scheinen Seepferdchen prädestiniert dafür zu sein, um als Versteinerungen überliefert zu werden. Erstaunlicherweise aber wurden weltweit bisher kaum Seepferdchenfossilien gefunden – eines der vielen Rätsel um diese geheimnisvollen Tiere.

Es war denn auch eine wissenschaftliche Sensation, als Forscher 1978 am Marecchia, einem Fluss in Oberitalien, auf die Versteinerungen einiger europäischer Langschnäuziger Seepferdchen (*H. guttulatus*) stießen – einer Spezies, die bis heute existiert. Experten wie Peter Teske schätzen das Alter dieser Fossilien auf rund 3,1 Millionen Jahre. Sie vermuten jedoch, dass es Seepferdchen schon viel länger gibt – zumal Fossilien von engen Verwandten aus der Familie der *Syngnathidae* (die Familie der Seenadeln und Seepferdchen) mit einem Mindestalter von fünfzehn Millionen Jahren bekannt sind.

2005, knapp drei Jahrzehnte nach den Funden in Oberitalien, förderten Paläontologen in Slowenien, in den Hügeln von Tunjice, denn auch Versteinerungen zweier deutlich älterer, inzwischen ausgestorbener Seepferdchenarten zutage. Die beiden Spezies, zu denen sie gehören, gleichen am ehesten heutigen Pygmäen-Seepferdchen (vgl. Kapitel 11), haben aber längere Schnauzen. »Es handelt sich um voll ausgebildete Seepferdchen und keine primitiven Übergangsformen«, betont Peter Teske von der University of Johannesburg. »Das deutet darauf hin, dass sich die Seepferdchen bereits deutlich früher entwickelt haben.« Denn zusätzlich zum Exoskelett, der röhrenförmigen Schnauze und dem Greifschwanz haben die versteinerten Spezies eine aufrechte Schwimmhaltung, wobei der Kopf im rechten Winkel zum übrigen Körper steht. »Von einer Übergangsform würde man insbesondere nicht erwarten, dass sie bereits in senkrechter Haltung schwimmt«, so Teske. Denn genau dieses Merkmal sei es ja, das sich nach Überzeugung der Wissenschaftler erst sehr spät entwickelt habe – das eigentliche Alleinstellungsmerkmal der Seepferdchen unter den *Syngnathidae*.

Wahrscheinlich lebten die frühen Rosse der Meere, deren Fossilien in Slowenien gefunden wurden, vor rund 12,5 Millionen Jahren, als das heutige Hügelgebiet von Tunjice Teil eines Interkontinentalmeers war, das sich zwischen Eurasien und Afrika erstreckte. Herausgefunden haben die Wissenschaftler das durch stratigrafische Untersuchungen: eine Methode, bei der die im Lauf der Erdgeschichte abgelagerten Gesteinsschichten zur Datierung herangezogen werden. Als Faustregel gilt dabei: Je tiefer ein Fund liegt, desto älter ist er.

Das *Missing Link*, das den Übergang von einem in »normaler«, horizontaler Haltung schwimmenden, seenadelartigen Fisch zum aufrecht schwimmenden Seepferdchen klären könnte – und älter sein müsste als die Seepferdchenversteinerungen aus Slowenien –, wurde bis heute nicht gefunden. »Ein solcher Beleg ist aber nicht zwingend notwendig, um zu verstehen, wie die Seepferdchen entstanden sind«, sagt Peter Teske. Viele *Syngnathidae* haben sich seit ihrem frühesten Auftreten, das aus Fossilien überliefert ist, kaum verändert. Daher sei es wahrscheinlich, dass das evolutionäre »Verbindungsglied«, aus dem die Seepferdchen entstanden seien, bis heute lebende Nachkommen haben, die ihren Vorfahren sehr ähnlich sehen. Teske und weitere Forscher haben die Zwerg-

Nadelpferdchen im Auge, eine Gruppe kleiner seepferdchenartiger Seenadeln, die in Algenriffen im Indopazifik und in der Karibik leben.

Genau wie die Rosse der Meere haben auch Zwerg-Nadelpferdchen einen Klammerschwanz, ein Exoskelett aus Knochenplatten sowie miteinander verschmolzene Kiefer, mit denen sie Beutetiere unzerkaut einsaugen. Zwerg-Nadelpferdchen tragen sogar ebenfalls eine Krone als Kopfschmuck. Und auch bei dieser Gruppe kümmern sich die Männchen um die Brutpflege. Der große Unterschied zu den Seepferdchen: Zwerg-Nadelpferdchen schwimmen nicht in aufrechter Haltung. »Vieles deutet also darauf hin, dass es zur Entwicklung der aufrechten Schwimmhaltung kam, als sich die Zwerg-Nadelpferdchen und die Seepferdchen evolutionär voneinander getrennt haben«, sagt Teske.

Bestimmte Zwerg-Nadelpferdchen, die sogenannten *Idiotropiscis* (eine von rund dreißig Seenadelgattungen), ähneln den heutigen Seepferdchen ganz besonders. Und genetische Untersuchungen eines Teams um Peter Teske ergaben, dass die Rosse der Meere mit den *Idiotropiscis* in der Tat besonders eng verwandt sind. Der Biologieprofessor von der University of Johannesburg vermutet daher, dass es sich bei diesen Zwerg-Nadelpferdchen um eine wichtige evolutionäre Übergangsform auf dem Weg zum Seepferdchen handelt.

Die *Idiotropiscis* sind vor allem in Australien heimisch. Manche Experten glauben aus diesem Grund, dass sich die ersten Seepferdchen in Down Under entwickelt haben. Und Forscher um Peter Teske arbeiteten mithilfe der »molekularen Datierung« – einer Methode, die genetische Unterschiede erfasst, die sich zwischen lebenden Arten akkumuliert haben – heraus, dass der letzte gemeinsame Vorfahr dieser Zwerg-Nadelpferdchen sowie der Seepferdchen wahrscheinlich im späten Oligozän lebte, vor rund 25 Millionen Jahren. In diesem Zeitraum kam es zu gewaltigen tektonischen Veränderungen im Gebiet zwischen Nordaustralien und Indonesien, die einen starken Einfluss darauf gehabt haben könnten, dass sich die ersten Seepferdchen als neue Art etablieren konnten: die Kollision Australiens und Neuguineas mit der eurasischen Kontinentalplatte. Insbesondere im tropischen Westpazifik wurde der Meeresgrund durch diesen Zusammenprall nach oben gedrückt, und in den neu entstandenen Gebieten mit seichtem Wasser veränderten sich Flora und Fauna. Vor allem breiteten sich riesige Seegraswiesen aus – ideale Lebensräume für Seepferdchen. Denn diese neuen Habitate begünstigten eine aufrechte Schwimmhaltung, wie sie den frühen Rossen der Meere eigen war. »Seepferdchen konnten und können in einem solchen Umfeld nicht nur hervorragend manövrieren«, sagt der Meeresbiologe. Zwischen den vertikalen Seegrashalmen und -blättern sind sie durch die aufrechte Körperhaltung auch besonders gut getarnt.

Doch kann das die Entstehung einer neuen Art erklären? Peter Teske nickt. »Es herrscht allgemein Einigkeit darüber, dass der wahrscheinlichste Weg, auf dem sich neue Spezies etablieren, darin besteht, dass diese von den Arten, die sie hervorgebracht haben, isoliert werden«, sagt er. Oft spielen dabei sogenannte biologische Barrieren eine zentrale Rolle: Verändert sich etwa ein Flusslauf aufgrund eines Erdbebens und trennt den Lebensraum von, sagen wir, Mäusen in zwei ökologisch unterschiedliche Gebiete – zum Beispiel ein Moor und eine Savanne –, dann können sich nur noch die Individuen links und diejenigen rechts des Flusses untereinander fortpflanzen, und irgendwann werden die beiden Teilpopulationen aufgrund der Anpassung an ihre Lebensräume so unterschiedlich sein, dass sie sich nicht mehr miteinander paaren wollen, selbst wenn die natürliche Barriere wieder wegfällt, weil der Fluss zum Beispiel austrocknet. Aber bei Seepferdchen?

Während der Entstehungszeit der Rosse der Meere sei keine natürliche Barriere entstanden, räumt Peter Teske ein. Der neue

Lebensraum mit den riesigen Seegraswiesen, der während des Oligozäns entstand, bot den evolutionär neuen, in aufrechter Haltung schwimmenden Seepferdchen aber die Möglichkeit, ihre Vorteile auszuspielen und sich ohne große Konkurrenz durch ähnliche Fische dauerhaft zu etablieren. Denn die *Idiotropiscis* mit horizontaler Schwimmhaltung seien weitgehend in ihren »alten«, von Algenriffen geprägten Habitaten geblieben. »Seepferdchen sind in Seegraswiesen bis heute häufig anzutreffen, *Idiotropiscis* hingegen kaum«, sagt Peter Teske. »Und bei einem Tier wie dem Seepferdchen, dessen Lebensaufgabe darin besteht, nicht entdeckt zu werden – von Fressfeinden wie Beutetieren –, spielt Tarnung natürlich eine sehr zentrale Rolle.« Die günstigen Umweltbedingungen in den Seegraswiesen von Australien haben das Talent der frühen Seepferdchen zur Lauerjagd auf Zooplankton aller Art weiter gefördert, vermutet der Forscher. Und erst nachdem die neuartigen Fische von diesem Lebensraum ausgiebig profitiert hatten, breiteten sie sich in unterschiedliche Meeresregionen auf der ganzen Welt aus, wo sie sich jeweils geschmeidig an die jeweiligen Bedingungen anpassten.

Noch ein weiterer Faktor war für die Entstehung der Seepferdchen wichtig, betont der südafrikanische Biologieprofessor. Ihre besondere Kopfhaltung hat bei der Röhrenmaul-Jagdtechnik große Vorteile, weil sie die sogenannte Schlagdistanz vergrößert: den Abstand zwischen der Ausgangsposition des Auges beim Angriff und der Endposition des Mauls beim Verschlingen von Beute. Diese Schlagdistanz ist bei der Kopfstellung der Seepferdchen – im rechten Winkel zum Rumpf – um mindestens 28 Prozent größer als bei derjenigen der in ausgestreckter Haltung jagenden Zwerg-Nadelpferdchen, ergaben wissenschaftliche Studien. »Gut möglich also, dass die Entwicklung der aufrechten Haltung bei den Seepferdchen vor allem ein Mittel zur Maximierung des Winkels zwischen Kopf- und Rumpfachse war«, sagt Peter Teske. Sogar die bessere Tarnung zwischen den senkrecht stehenden Seegrashalmen sei letztlich also vielleicht nur ein günstiger Nebeneffekt gewesen.

Mehr und mehr Fachleute vermuten, dass die ersten Seepferdchen in den Weiten der Seegraswiesen, die sich während des Oligozäns zwischen dem nördlichen Australien und Indonesien erstreckten, das Licht der Welt erblickt haben. Auch dass in Australien bis heute besonders viele Seepferdchenarten leben, bestärkt sie in dieser Annahme. Nach den Daten der kanadischen Taxonomie-Expertin Sara Lourie von der McGill University in Montreal sind es mindestens elf. Und der Unterwasserfotograf und Fisch-Taxonom Rudie H. Kuiter aus Melbourne ist sogar überzeugt, dass in Australien mindestens dreißig unterschiedliche Seepferdchenarten heimisch sind.

Doch stand die Wiege der Seepferdchen tatsächlich in Down Under? Liegt es nicht näher, dass diese Gattung an mehreren Orten gleichzeitig entstanden ist? Denn wie sollten sich diese Langsamschwimmer sonst fast um die ganze Welt verteilt haben?

Die meisten Fischweibchen geben Hunderttausende oder gar Millionen von Eiern ins Wasser ab und lassen diese nach der Befruchtung wochenlang von Meeresströmungen in alle Himmelsrichtungen verdriften. Seepferdchenbabys dagegen wachsen im väterlichen Brutbeutel heran, abgeschirmt von Wellen und Strömungen aller Art. Und die Rosse der Meere haben nur winzige Flossen. Dennoch müssen manche dieser Fische sehr weit gereist sein, legen wissenschaftliche Studien nahe. Aus unzähligen molekulargenetischen Untersuchungen ist bekannt, dass Lokalpopulationen einer Tierart, die nahe beisammenleben, einander genetisch ähnlicher sind als solche, deren Habitate weit voneinander entfernt liegen. Bei den Rossen der Meere aber trifft diese Grundregel nicht zu: Mehrfach stießen Forscher auf verblüffende genetische Ähnlichkeiten zwischen Lokalpopulationen einer Art, die

Tausende Kilometer weit voneinander entfernt heimisch sind. Sehr wahrscheinlich haben einzelne Individuen oder Kleingruppen von Seepferdchen also tatsächlich riesige Strecken zurückgelegt und neue Gebiete kolonisiert. Wie aber kann das sein?

4. We don't need no education

Lebensphasen, Lieblingsplätze & Mobilität

»Schön ist es auch anderswo.
Und hier bin ich sowieso.«
Wilhelm Busch

Einzelkinder gibt es bei den Rossen der Meere nicht. Bei jedem Wurf kommen meist etwa hundert bis fünfhundert quirlige Babys zur Welt, bei manchen Arten sogar bis zu zweitausend. Und angesichts der vielen Gefahren für Seefohlen im Meer sind so hohe Kinderzahlen auch nötig. Zumal sich die Neugeborenen, die oft gerade mal die Größe von Flöhen haben, sofort auf eigene Flosse durchs Leben schlagen müssen. Ihre Eltern kümmern sich kein bisschen um sie. Wer als Baby nicht aufpasst, wenn ein hungriger Raubfisch vorbeikommt oder die See stürmisch ist, hat sein Leben schnell hinter sich. Oft erreicht gerade mal eines von zweihundert Jungtieren das Erwachsenenalter, zumal Seefohlen perfekt ins Beuteschema unzähliger Zooplankton-Fresser fallen und noch völlig unerfahren sind.

Seepferdchen sind äußerst fruchtbare Tiere. Vielen gelingt es, sich mehrfach fortzupflanzen – und dabei jeweils Hunderten von Jungtieren das Leben zu schenken. Doch nicht nur, dass viele Seefohlen früh gefressen werden – generell erreichen Seepferdchen kein biblisches Alter: Bei den beiden in Europa heimischen Rossen der Meere, dem Kurzschnäuzigen und dem Langschnäuzigen Seepferdchen, beträgt die durchschnittliche Lebenserwartung etwa vier Jahre. Andere große Arten können im Meer wohl bis zu fünf Jahre alt werden, kleine Spezies hingegen nur etwa zwölf Monate.

Die Neugeborenen sind schlanker als ihre Eltern, denen sie im Allgemeinen sehr ähnlich sehen. Die erste Heldentat, die sie vollbringen müssen, ist der Weg nach oben: Die Seefohlen lassen sich zur Wasseroberfläche treiben. Nicht um zu atmen, wie man früher glaubte, sondern um ihre Schwimmblase mit Luft zu füllen. Denn dieses Organ erlaubt es ihnen, ohne Anstrengung im Wasser zu schweben. Klappt es mit dem angemessenen Tanken von Luft, können die Seepferdbabys gleich im Anschluss zu jagen beginnen. Doch der erste Ausflug birgt Risiken: Passen die Seefohlen nicht höllisch auf, werden sie von der Oberflächenspannung erfasst, sodass sie nicht mehr absinken. Manchmal sammelt sich in ihrer Schwimmblase dann zu viel Luft an, sodass die Tierchen rücklings an der Wasseroberfläche treiben, bis sie verenden.

Der imposante Kopf sowie die Flossen an Brust und Rücken sind bei den wenige Millimeter langen Neugeborenen bereits deutlich ausgeprägt, der Klammerschwanz ist hingegen noch eher kurz und schwach. Während der ersten Zeit treiben die Kleinen daher als Plankton-Tiere im freien Wasser umher. Experten sprechen von einer »pelagischen Lebensphase«. Immerhin dauert diese besonders risikoreiche Zeit bei den Babys der meisten Seepferdchenarten wohl nur etwa vierzehn bis achtundzwanzig Tage. Bei anderen Rifffischen sind es bis zu vier Monate. »Während der pelagischen Phase saugen die Babys winziges Zooplankton mit ihrer Pipettenschnauze ein, werden aber von größeren Planktonfressern ebenfalls in großer Zahl verschlungen«, sagt der Seepferdchen-Experte Daniel Abed-Navandi vom Haus des Meeres in Wien. Der biologische Sinn dieser fragilen Phase dürfte in der evolutionären Notwendigkeit einer Verbreitung und Vermischung der Gene liegen. Denn als Jungtiere finden die Seepferdchen so womöglich einen Fortpflanzungspartner, der von etwas weiter weg stammt. Es kommt also zu einer Erweiterung des Genpools, der etwa Inzucht vorbeugt. Und das scheint dringend nötig. Denn der Lebensraum von erwachsenen, den Meeresboden bewohnenden Seepferdchen ist oft nur wenige Quadratmeter groß und wird zeitlebens nicht mehr verlassen.

Studien in Aquarien ergaben, dass die Rosse der Meere drei unterschiedliche Wachstumsphasen durchlaufen. Am schnellsten entwickeln sie sich während der zweiten, wenn sie sich Richtung Meeresboden absinken lassen: spätestens nach vier Wochen bei den meisten Seepferdchenarten. In dieser Phase kommt es zu einem starken Längenwachstum des Greifschwanzes – und in der Folge klammern die meisten Arten sich möglichst oft irgendwo fest und schwimmen nur noch selten umher.

In der dritten Phase schließlich siedeln sich die Jungfische fast aller Seepferdchenarten am Meeresboden an, und zwar in sehr unterschiedlichen Habitaten. Oft wird behauptet, dass ausgewachsene Rosse der Meere allesamt in Seegraswiesen leben würden. Doch das ist ein Mythos. »Der Irrtum rührt daher, dass sie dort manchmal von Tauchern gesichtet werden«, erklärt der Unterwasserfotograf und Seepferdchen-Experte Rudie H. Kuiter aus Melbourne. In tieferem Wasser seien diese gut getarnten Tiere einfach noch viel schwerer zu entdecken. Und Schleppnetzfischer meiden die Riffe, in denen ebenfalls viele Rosse der Meere leben. Tropische Seepferdchen hausen sehr häufig eher in Korallenriffen oder zwischen Schwämmen als in Seegraswiesen, weiß auch die Meerestierhändlerin Elena Theys aus Visselhövede. »Daher auch die bunten Farben solcher Seepferdchenarten.« Und selbst Erzeugnisse der menschlichen Zivilisation machen sich diese Lebenskünstler zunutze: Manche Rosse der Meere ringeln ihre Schwänze zum Beispiel auch um Schutznetze, die in Küstennähe im Meer gespannt wurden, um Haie von Stränden fernzuhalten.

Die meisten Seepferdchenspezies halten sich im seichten Wasser der Gezeitenzone auf. Während der kalten Jahreszeit jedoch suchen manche vorübergehend tiefere Meeresregionen auf. »Die Wintermonate sind an der Oberfläche besonders kalt und oft auch stürmisch«, erklärt Daniel Abed-Navandi vom Haus des Meeres in Wien. »Daher überdauern manche Seepferdchen lieber in größerer Tiefe.« Denn dort gestalten sich die Temperaturen dann meist moderater als an der Oberfläche der Lagunen oder seichten Buchten, die die Tiere im Sommer mit Vorliebe bewohnen, und auch die Wasserbewegung ist in den tieferen Gefilden weniger stark. Dreipunkt-Seepferdchen (*H. trimaculatus*) etwa werden in Südostasien von Schleppnetzfischern im Winter oft aus bis zu vierzig Metern Tiefe heraufgezogen. Und die Paradoxen Seepferdchen (*H. paradoxus*) aus Australien scheinen gar reine Tiefwasserfische zu sein.

Immer klarer wird, dass manche Rosse der Meere auch je nach Lebensphase oder aktueller Betätigung unterschiedliche Habitate nutzen: Einige Arten vermehren sich zwar in seichtem Wasser, leben aber sonst in tieferen Gefilden. Und Tigerschwanz-Seepferdchen (*H. comes*) beispielsweise, die im Erwachsenenalter mit Vorliebe bei Korallen herumhängen, halten sich während der Jugend lieber in von Braunalgen (*Sargassum*) geprägten Lebensräumen auf. In vielen Regionen der Welt scheint es zudem eine Aufteilung der Habitate zwischen unterschiedlichen Seepferdchenarten zu geben: Auf den Philippinen etwa hausen Tigerschwanz-Seepferdchen in Korallenriffen, Gelbe Ästuarenseepferdchen dagegen in Mangrovenwäldern oder in Mündungsgebieten von Flüssen. Und in Europa mögen die Langschnäuzigen Seepferdchen (*H. guttulatus*) am liebsten dicht bewachsene Gebiete auf dem Meeresgrund, während die Kurzschnäuzigen (*H. hippocampus*) kargen, sandigen Boden vorziehen.

Die meisten Seepferdchen klammern sich an allem fest, was für sie greifbar ist, zumeist aber an Objekten, die am Meeresgrund verankert sind. Vereinzelte Arten sind dabei jedoch äußerst wählerisch: Einige lieben Schwämme, selbst wenn ihr Lebensraum von Seegras dominiert wird. Bargibant-Seepferdchen (*H. bargibanti*) lassen sich ausschließlich auf speziellen Korallen namens *Muricella* nieder. Igel-Seepferdchen (*H. spinosissimus*) wiederum nutzen für Kurzstrecken häufig eine Art Unterwassertaxis: Sie klammern sich an Griffelseeigel, die mithilfe ihrer Saugfüßchen auf dem Meeresgrund umherspazieren.

Etwas lässt sich bisher verallgemeinern: Alle Seepferdchen sind Salzwasserfische. Vereinzelte Arten aber wagen sich bereits in die schwächer salzhaltigen Mündungsgebiete von Flüssen (Ästuare) vor. Vielleicht hat die Evolution da ja noch etwas vor, und eines Tages werden Seepferdchen auch das Süßwasser erobern?

Fest steht: Mit der Lebenserfahrung sinkt das Risiko der Rosse der Meere, verspeist zu werden. Immer geschickter weichen sie Gefahren aus. Vor allem perfektionieren sie ihre Tarnung. Denn werden sie von Fressfeinden entdeckt, können sie kaum mehr fliehen. Dafür lernen junge Seepferdchen bereits innerhalb weniger Wochen, sich mit ihrem Klammerschwanz so stark festzuhalten, dass sie nur mehr bärenstarke Fressfeinde losreißen können: Raubfische wie Schnapper oder Plattköpfe beispielsweise oder manche Pinguine.

Fressfeinde sind auch ein wichtiger Grund dafür, dass Seepferdchen anders als Pferde an Land nicht in Herden leben. Zwar haben die meisten Rosse der Meere einen festen Partner, sie verbringen aber auch viel Zeit alleine. Warum sammeln sie sich nicht zu einem Schwarm, wie er vielen kleinen Fischen Schutz vor Gefahren bietet? »Um ihre Beute aus dem Hinterhalt anfallen zu können und sich vor Fressfeinden zu verbergen, sind Seepferdchen sehr stark auf Tarnung angewiesen«, sagt die Seepferdchenexpertin Sara Lourie von der McGill University in Montreal. »Das funktioniert am besten allein.« Ihre eigene Beute sind zumeist winzige Krebstiere sowie weiteres Zooplankton, das durch den Ozean getrieben wird. An einem einzigen Tag können manche Seepferdchen viele Tausend solche Kleinstlebewesen verschlingen. Sie sind so heißhungrig, dass Babys bereits in der ersten Stunde nach der Geburt unzählige Beutetiere wegfuttern.

Im Gegensatz zu vielen anderen Fischen zeigen die Rosse der Meere kein klassisches Territorialverhalten: Sie versuchen also nicht, Reviere abzugrenzen und gegen Eindringlinge zu verteidigen. Viele Seepferdchen verbringen ihr ganzes Leben auf sehr engem Raum. Dabei kann es sich um wenige Dutzend Quadratmeter handeln, wie bei den Whites Seepferdchen (*H. whitei*), oder gar um eine einzige Gorgonie, wie bei den Bargibant-Seepferdchen (*H. bargibanti*). Und viele Seepferdchen sind offensichtlich Gewohnheitstiere: Denise-Zwergseepferdchen (*H. denise*) etwa kehren auf der fein verästelten Fächerkoralle, auf der sie tagsüber herumwuseln, abends immer wieder an dieselbe Stelle zurück.

Und dennoch mehren sich die Hinweise, dass Seepferdchen im Meer auch gewaltige Distanzen überbrücken können. Die pelagische Phase der Jungtiere ist dafür zu kurz, sagen Experten. Wie also gelangten Seepferdchen in fast alle Meere der Welt?

Der verblüffende Grund für ihre hohe Mobilität scheint ausgerechnet ihre Beharrlichkeit zu sein, Bindungen nicht aufzugeben – insbesondere Bindungen zu unbeseelten Haltegriffen im Meer: Fühlt sich ein Seepferdchen bedroht, klammert es sich mit seinem Schwanz instinktiv immer noch stärker fest. Ein fataler Reflex, wenn das Halt bietende Objekt zum Beispiel ein Fischernetz ist. Handelt es sich beim »Haltegriff« hingegen um im Wasser treibende Algen, Äste oder Holzstücke, können diese für die Tiere gleichsam zu Fähren werden. Durch Stürme und Meeresströmungen kommen sie dann mitunter ganz schön weit herum. »Auf diese Weise haben Seepferdchen vermutlich einige der größten

Ozeane überquert«, sagt der Meeresbiologe Ralf Schneider vom GEOMAR in Kiel. »Manchmal bilden Pflanzenteile sogar kleine ›schwimmende Inseln‹, oft zusammen mit Holz oder Müll, die von allerlei Meeresfischen als Hochseeunterschlupf genutzt werden.« Auch von Seepferdchen.

Auf diese Weise können Rosse der See Hunderte Kilometer weit transportiert werden, inklusive Bordverpflegung. Manche ernähren sich nämlich exakt von den Krebstierchen, die auf solchen schwimmenden Algenteppichen leben. Und Forscher haben errechnet, dass ein einziges männliches tropisches Langschnäuziges Seepferdchen (*H. reidi*) nach der Überfahrt mit einer solchen Fähre mit seinen bis zu 1600 Nachkommen im Bauch ein neues Gebiet kolonisieren könnte.

Für die Fähren-Theorie spricht auch, dass ein Linienseepferdchen (*H. erectus*) – eine Spezies, die gemeinhin im westlichen Atlantik heimisch ist – unlängst fast viertausend Kilometer entfernt, vor den Azoren, gesichtet wurde. So manches Rätsel ist aber noch ungelöst im Zusammenhang mit der Mobilität der Rosse der Meere: Im Winter 2006 beispielsweise wurden an Stränden Südaustraliens Hunderte von Seepferdchen angespült. Keiner weiß, wie es zu diesem Massensterben kam. Unstrittig scheint, dass es sich bei den Opfern weder um Dickbauch- noch um Kurzkopf-Seepferdchen handelte, die beiden in Südaustralien weitverbreiteten Arten. Vielleicht also kamen auch diese Tiere von weit her? Denn die Forscher stießen zwischen den angeschwemmten Tieren auch auf Algen. Manche Experten vermuten daher, dass diese Seepferdchen auf großer Überfahrt gestrandet sind. Nur weshalb? Ob ihnen die Meeresgötter zürnten?

5. Wie viel PS hatte Poseidons Kutsche?

Mythos & Popkultur

»Ärgere dich nie über ein Pferd; du könntest
dich ebenso wohl über deinen Spiegel ärgern.«
Rudolf G. Binding

Die wohl ersten Seepferdchenabbildungen der Welt wurden von Aborigines im Norden von Australien geschaffen: als Höhlenmalereien in Arnhemland. Ahnengeister haben die Welt, nach der Mythologie der Ureinwohner Australiens, in einer weit zurückliegenden Traumzeit ins Leben gerufen. In den alten Legenden, Tänzen und Liedern der Aborigines – und eben in bildlichen Darstellungen an Fels- und Höhlenwänden – leben diese Wesen bis heute weiter.

Eine zentrale Rolle im Schöpfungsmythos der Aborigines spielt ein mächtiger Ahnengeist, der in den Legenden als Regenbogenschlange bezeichnet wird. Doch handelt es sich aus biologischer Sicht tatsächlich um eine Schlange? Manche Archäologen sind da inzwischen skeptisch. Ihnen fiel auf, dass dieser Ahnengeist in vielen Abbildungen keineswegs nach einem Kriechtier aussieht. Mit seinem gekrümmten, segmentierten Körper, der röhrenförmigen Schnauze und dem abgewinkelten, zur Brust hinuntergezogenen Kopf erinnert er oft vielmehr – an ein Seepferdchen. Einige der von Höhlenmalern abgebildeten Regenbogenschlangen haben sogar eine Wölbung am Bauch und könnten schwangere Hengste der Meere darstellen. Reiner Zufall?

Bei genauerer Analyse der gut sechstausend Jahre alten Felsmalereien stießen Experten auf zahlreiche weitere Motive, die wohl kaum durch die Fauna oder Flora des Festlands inspiriert wurden: Seeigel etwa, Seegras sowie Seegurken. Und der Zeitpunkt, zu dem die Felsmalereien entstanden, legt ebenfalls einen direkten Bezug zum Meer nahe, führt die britische Meeresbiologin und Wissenschaftsautorin Helen Scales in ihrem Seepferdchenbuch *Poseidon's Steed* aus: Vor rund zehntausend Jahren ging in Australien die Eiszeit zu Ende. »Eisschilde schmolzen und ergossen sich in die Ozeane«, schreibt Scales, »trieben den Meeresspiegel in die Höhe und ließen die Küstenlinien ins Landesinnere rasen. Alte Landschaften wurden überschwemmt und neue erschaffen. Bedrohliche, anschwellende Meere und stürmische Unwetter schleuderten Regenbögen an den Himmel.« Sehr wahrscheinlich wurden damals auch verstärkt bizarre Meerestiere wie Seepferdchen an die Küsten gespült, so die Meeresbiologin. Und ausgerechnet gegen Ende dieser turbulenten Zeiten schufen die Aborigines die einschlägigen Höhlenmalereien.

Manche Archäologen interpretieren die Felsgemälde denn auch als Reaktion auf den damaligen Klimawandel. Vielleicht wurden sie von Künstlern oder Schamanen also nicht zuletzt geschaffen, um die radikalen Veränderungen der Umweltbedingungen zu verarbeiten – und die neuen Eindrücke durch angespülte Seepferdchen verschmolzen damals mit den uralten Vorstellungen von Ahnengeistern wie der Regenbogenschlange.

In Europa wiederum, auf der anderen Seite der Erdkugel, wurden die ältesten Seepferdchendarstellungen auf der Mittelmeerinsel Kreta entdeckt. Sie stammen aus der Bronzezeit und sind etwa tausend Jahre jünger als diejenigen der Aborigines. Das Volk der Minoer, das vor rund fünftausend Jahren auf Kreta lebte, kultivierte Weintrauben und Oliven, züchtete Schafe und war für sein kunstvolles Schmiedehandwerk bekannt. Überliefert ist unter anderem ein dreiseitiges Prisma aus Bronze, verziert mit zwei naturgetreu dargestellten Seepferdchen: Aneinandergeschmiegt, wie Schwarz und Weiß beim berühmten Yin-Yang-Zeichen aus dem alten China, liegen die beiden Tierchen Kopf an Schwanz. Wissenschaftler gehen davon aus, dass reale Seepferdchen die minoischen Schmiede zu diesem Motiv angeregt haben.

Bald nach der Entstehungszeit dieses Schmuckstücks erlangten in Europa auch weniger naturalistische Rosse der Meere große Popularität: Hybriden mit Kopf und Vorderbeinen eines Pferdes und dem Hinterleib eines Fisches. Solche Mischwesen hießen bei den alten Griechen »Hippokampen«, nach den Wörtern *hippos* für »Pferd« und *kampos* für »Seeungeheuer«.

Zur Zeit der Antike galt der Meeresgott Poseidon höchstpersönlich als mächtigster Gebieter über diese Art Seepferde: ein bärtiger Hüne mit Dreizack, der mit seiner Gattin, der schönen Amphitrite, tief unter den Wogen des Meeres einen funkelnden Palast aus Korallen bewohnt. Poseidon ist so aufbrausend wie das Meer selbst. Oft reist er in einer goldenen Kutsche durch die Wogen und sieht nach dem Rechten. Sein herrschaftliches Gefährt wird von einem Gespann aus zwei oder vier kräftigen Hippokampen gezogen. Fischer im alten Griechenland glaubten, dass die Seepferdchen, die sie mitunter als Beifang in ihren Netzen fanden, Verwandte der feurigen Hippokampen aus dem Gestüt des Poseidon seien. Und es blieb nicht bei Legenden: Zur Zeit der Antike töteten die Griechen für kultische Zwecke regelmäßig Pferde und versenkten sie zu Ehren des Poseidon als Opfer im Meer.

In vielen frühen Kulturen des Mittelmeerraums wimmelt es nur so von diesen Wesen: beim Händler- und Seefahrervolk der Phönizier in Kleinasien ebenso wie bei den Etruskern in Norditalien. Oft sind die Hippokampen an Grabwänden oder auf Särgen abgebildet, umgeben von anderen Meerestieren. Insbesondere die Etrusker, deren kulturelle Blütezeit zwischen 800 und 350 vor unserer Zeitrechnung lag, schmückten ihre Grabkammern häufig mit solchen Seepferdmotiven. Wofür aber stehen diese Rosse der Meere in der Grabkunst der Antike?

Ursprünglich vermuteten Altertumsforscher, dass die Hippokampen nach damaliger Vorstellung die Toten auf ihrem Weg in die Unterwelt begleiteten. Doch einige Abbildungen aus römischer und etruskischer Zeit legen eine andere Deutung nahe: Sie zeigen Krieger im Kampf gegen Hippokampen. Vielleicht also sahen die Römer und Etrusker diese Rosse des Meeres auch als monströse Wächtertiere an, die die Seelen der Sterblichen auf ihrem Weg ins Totenreich überwinden mussten.

Ganz verdrängt haben die »Pferd-Meeresmonster« die naturalistischen Seepferdchen in Malerei, Bildhauerei und Kunsthandwerk nie: In Gloucester etwa, im Südwesten von England, wurde ein historischer Sarg gefunden, bemalt mit einer knienden Isis – der ägyptischen Göttin der Geburt, des Todes und der Magie –, die versonnen zu einem kleinen, naturgetreu dargestellten Seepferdchen hinunterblickt. Die zahlreichen Hippokampen, die durch die griechische Mythologie galoppieren, brachten es jedoch zu größerer internationaler Berühmtheit. Insbesondere, als sich ab dem 7. Jahrhundert Dramatiker und Dichter der bis dahin mündlich überlieferten Mythen annahmen und die griechische Götterwelt in der ganzen westlichen Welt bekannt machten. Zwar spielt in keinem Mythos aus der Antike ein Seepferd die Hauptrolle. Doch nicht nur als Zugpferde von Poseidons Kutsche, sondern auch als Reittiere der Meeresgöttinnen (Nereïden) leisteten die Mischwesen aus Pferd und Fisch gute Dienste, wie zahlreiche Vasen und Wandgemälde dokumentieren.

Ab dem 3. Jahrhundert v. Chr. erhob sich im Mittelmeerraum eine neue Großmacht: die Römer. Die griechischen Stadtstaaten lagen im Streit miteinander und wurden durch Einfälle der Kelten zusätzlich geschwächt. In langen Kriegen erkämpften sich die

Römer die Vorherrschaft und dehnten ihren Einflussbereich bald bis nach Ägypten, Syrien und Zentralasien aus. Um das Jahr 100 v. Chr. war Rom endgültig die neue Weltmacht. Und die griechische Götterwelt? Die Römer übernahmen sie einfach. Poseidon behielt seinen langen Bart, seinen Dreizack, sein aufbrausendes Wesen – und seine Hippokampen als Zugtiere. Einzige Neuerung: Bei den Römern hieß er Neptun.

Die Rosse der Meere erfreuten sich weiterhin großer Beliebtheit. Und es ist gut möglich, dass römische Hippocampi der Grund dafür waren, dass einige Jahrhunderte später in anderen Gebieten Europas ebenfalls Seepferdchen in der Kunst auftauchten. Denn römische Truppen drangen bis nach England und immer weiter nach Norden vor. Im heutigen Schottland etwa stießen sie auf den wehrhaften Volksstamm der Pikten. Aus der Kultur dieses Volkes sind unter anderem in Stein gemeißelte Tierfiguren überliefert – von denen manche verdächtig nach Seepferdchen aussehen.

Die Pikten schufen eindrucksvolle Kunstwerke. Sie kannten zum Beispiel bereits den Goldenen Schnitt – jenes mathematische Verhältnis, nach dem etwa auch die Cheops-Pyramide von Gizeh und die Akropolis von Athen gebaut sind. Eines der schönsten Seepferdchen aus piktischer Zeit wurde 1986 auf den Orkney-Inseln vor Schottland entdeckt: ein elegantes, in Stein gehauenes Porträt, etwa zwei Handspannen groß, mit charakteristischer Trompetenschnauze und aufgerolltem Greifschwanz.

Weitere charmante Seepferdchendarstellungen finden sich auf dem Kirchhof des Dorfes Aberlemno, nicht weit von Dundee. Zwischen christlichen Grabsteinen steht dort ein behauener Felsbrocken, der mit Schlachtszenen geschmückt ist. Altertumsforscher vermuten, dass er an den Sieg der Pikten über die Angeln im Jahr 685 erinnert. Auf seiner Rückseite finden sich zwei stilisierte Fabelwesen mit Pferdekopf, behuften Vorderbeinen und Fischschwanz. Ob die römischen Hippocampi als Vorlage dienten? Die britische Meeresbiologin und Wissenschaftsautorin Helen Scales glaubt eher, dass diese Fabelwesen von lebendigen Seepferdchen inspiriert wurden, die einst an der schottischen Küste angeschwemmt wurden. Aber wie auch immer, sagt sie: »Der Anblick Dutzender antiker, behauener Steine in ganz Schottland hat mir deutlich gemacht, wie sehr die Menschen auch dort seit langer Zeit von Seepferdchen – sowohl echten als auch mythischen – gefesselt sind. Diese Tiere haben offensichtlich etwas Unwiderstehliches an sich.«

Der Glaube an Meeresgötter und Seepferde überdauerte das römische Imperium. Zumal im Mittelalter sogenannte Bestiarien populär wurden, in den christlichen Gebieten Westeuropas ebenso wie in den muslimisch besiedelten Regionen Nordafrikas und des Mittleren Ostens. Viele Menschen glaubten damals, dass es zu jedem Landtier ein Gegenstück im Meer gebe, und neben See-Pferden wurden in Bestiarien etwa auch See-Ziegen, See-Löwen und See-Büffel mit Fischschwanz gelistet. Die Enzyklopädie *Hortus sanitatis* aus dem 15. Jahrhundert beispielsweise enthält gleich mehrere Holzschnitte von Seepferdchen – als Pendants zu den unterschiedlichen Arten von Rossen an Land.

Weiterhin regten Seepferde die Menschen zum Träumen an – oder zu wohligem Gruseln: In der keltischen Folklore aus dem Mittelalter beispielsweise wurde der höchste Meeresgott Manannan mac Lir genannt. In unterschiedlicher Gestalt taucht er auch in schottischen und walisischen Legenden auf. Eines aber haben die Mythen gemeinsam: Wie einst Poseidon ließ sich auch Manannan mac Lir in einer Kutsche von Seepferden ziehen. Das berühmteste dieser Rosse, Splendid Mane (Herrliche Mähne) mit Namen, soll schneller als der Wind gewesen sein. Die Isle of Man, zwischen Irland und England in der Irischen See gelegen, wurde nach diesem Meeresgott benannt. Die Menschen brachten Manannan mac Lir dort im Mittelalter an Mittsommerabenden Opfer dar. Und so mancher Fischer auf jener Insel schwor, er habe dessen Lieblingspferd, Splendid Mane, in den Wellen des Meeres galoppieren sehen.

Andere Sagen aus Großbritannien berichten von Wassergeistern, die die Gestalt von Pferden mit gewaltiger Schwanzflosse annehmen können. Diese sogenannten Kelpies, erzählte man sich, bewohnen fließende Gewässer in Schottland und Irland. Versucht man, auf ihnen zu reiten, so ziehen sie Menschen in die Tiefe und wollen sie ertränken. Ähnliche Kreaturen werden in Skandinavien Bäckahasten genannt.

Insbesondere in Großbritannien lebt das wohlige Gruseln vor Wasserpferden aller Art bis heute fort. »Und Tausende Jahre nachdem die ersten mythischen Seepferdchen erdacht wurden«, schreibt die Meeresbiologin Helen Scales aus Cambridge, »hat die Vorstellung von Wasserpferd-Geistern vielleicht auch eine Legende hervorgebracht, die viele Menschen immer noch glauben wollen: das Seeungeheuer von Loch Ness.«

Als Ikonen schließlich sind Seepferdchen – sowohl naturalistisch als auch künstlerisch verfremdet – seit Jahrtausenden beliebt: in Höhlenmalereien und Mosaiken, auf Grabsteinen, Schmuckstücken, Vasen, Briefmarken, Broschen und kostbaren Stoffen. Hippocampi zieren venezianische Gondeln ebenso wie Münzen oder prunkvolle Toilettenschüsseln aus dem alten Rom. Im Mittelalter schmückten Seepferde Ritterschilde, im Barock und der Renaissance Ölgemälde. Und in noch jüngerer Zeit?

Die Rosse der Meere sind Wappentiere von Hiddensee, Timmendorfer Strand, Zinnowitz sowie zahlreichen Küstenorten in Frankreich und Spanien. Auf britischen Briefmarken aus den Jahren 1913 bis 1939 ziehen sie die Britannia – die weibliche Personifikation des Vereinigten Königreichs – in einer Kutsche durch die Wogen des Meeres. Und sogar in die Lüfte schwangen sich im 20. Jahrhundert erste Seepferdchen empor: 1933 wurde ein geflügelter Hippokampos zum Logo der Fluggesellschaft Air Orient (und später deren Nachfolgerin Air France) in Paris erkoren. Es handelte sich um ein ganz besonderes Seepferdchen: Seine Vorderpartie war dem geflügelten Ross Pegasus aus der Antike nachempfunden, der hintere Teil symbolisierte den Drachen von Annam, als Würdigung des Kolonialgebiets Französisch-Indochina. Böse Zungen behaupteten allerdings, die Fluggesellschaft sei in Wirklichkeit durch die vielen Seepferdchen zu diesem Logo inspiriert worden, die sich 1929 im Golf von Neapel tummelten – als eine Maschine von Air Orient in jene Meeresbucht abstürzte.

Dabei schätzten unzählige Menschen aus aller Welt diese Tiere seit Jahr und Tag als Glücksbringer, insbesondere auf Reisen: Das gut dreißig Meter lange Segelschiff *Resolution* aus der Flotte von Captain Cook aus dem 18. Jahrhundert etwa hatte ein Seepferdchen als Galionsfigur. Und bereits seit der Antike sind diese besonderen Fische in der Vorstellung der Menschen mit dem Passagiertransport betraut, meist demjenigen von VIPs wie Göttern. Selbst im Disney-Zeichentrickfilm *Arielle, die Meerjungfrau* aus dem Jahr 1989 wird diese Tradition aufrechterhalten: Arielles Vater Triton, der Herrscher des Meeres, lässt sich in seinem Wagen von Seepferdchen durchs Wasser ziehen, so wie einst Poseidon.

Sogar musikalische Seepferdchen gibt es in der jüngeren Kulturgeschichte: Die britische Indie-Band »The Seahorses«, formiert um den ehemaligen »Stone Roses«-Gitarristen John Squire, brachte es in den 1990er-Jahren zu internationaler Berühmtheit. 1997 kletterte ihr Hit *Love is the Law* auf Platz drei der britischen Single-Charts. Ein Musikmagazin verbreitete damals das Gerücht, der Bandname sei als Anagramm von »He Hates Roses« entstanden – als eine Abrechnung von John Squire mit seinen ehemaligen Bandkollegen. Der Musiker aber stellte in einem Interview klar, dass ihn ein Ross der Meere zu diesem Namen inspiriert habe: eine

Seepferdchenskulptur in einem Club. Auf dem Weg zur Toilette sei er dagegengelaufen.

Wir lernen: Seepferdchen können für Menschen mitunter gefährlich sein. Zumindest, wenn es sich dabei um mannshohe Figuren aus Kunststoff handelt. Und mit manchen postmodernen Fantasiefiguren, die solchen Tieren nachempfunden wurden, ist ebenfalls nicht zu spaßen, zum Beispiel mit zwei Charakteren aus dem japanischen Computerspiel Pokémon: Seemon ist ein Ross der See mit stacheligen Giftflügeln. Wie bei den realen Seepferdchen sind auch bei dieser Kreation der Computerspiele-Industrie die Männchen fürs Kinderkriegen zuständig, und sie verteidigen – weniger seepferdchentypisch – ihre Nester todesmutig gegen Eindringlinge. Noch bedrohlicher ist Seedraking, eine Mutation von Seemon. Dieses Monsterseepferdchen versteckt sich in Höhlen auf dem Meeresgrund und kann Tornados auslösen. Ähnlich wie echte Seepferdchen tötet es fast ohne Anstrengung. Ein Seedraking braucht bloß zu gähnen, schon ist die Hölle los.

Doch das positive Image der Rosse der Meere überwiegt in Mythos, Alltag und Popkultur. Fischer aus Vietnam schwören für lange Nächte auf See auf einen besonderen Energydrink: kleine Seepferdchen in Whisky. In der afrobrasilianischen Naturreligion Candomblé werden sie genutzt, um den bösen Blick abzuwehren. Und in ganz Asien trägt so manche schwangere Frau ein getrocknetes Seepferdchen an einer Schnur um den Hals. Setzen die Wehen ein, wird das Flossentier in heißes Wasser eingelegt und ein Seepferdchentee gebraut, der eine leichte Geburt fördern soll.

In der durchökonomisierten modernen Welt sind Seepferdchen längst fast überall: Ihr Antlitz schmückt Seifen, Badetücher und Fliesen ebenso wie die Fassaden von Restaurants und Bars am Meer sowie Medaillen für besondere Verdienste. In Deutschland ziert das Konterfei dieser Tiere die Badehosen von Kindern, die ihre erste Schwimmprüfung erfolgreich absolviert haben. Schlüsselanhänger gibt es ebenso in Seepferdchenform wie Pralinen und Modeschmuck. Echte Seepferdchen dienen postum als Jo-Jo oder als Kühlschrankmagnet, andere enden in einer Schneekugel zum Schütteln. Und das Königreich Bahrain plante zu Beginn des 21. Jahrhunderts, als Hommage an diese besonderen Fische, gar eine künstliche Insel im Persischen Golf, die von oben betrachtet wie ein riesiges Seepferdchen aussehen sollte.

Im US-amerikanischen Animationsfilm *Findet Nemo* aus dem Jahr 2003 dagegen reichte es für die Hengste und Stuten der Meere, die stolzen Zug- und Reitpferde der Götter, nur mehr zu einer Lachnummer: In einer Nebenrolle ist ein Seepferdchen zu sehen, das ständig niest – und ausgerechnet an einer Wasserallergie leidet. Möge Poseidon die Verfasser dieses Drehbuchs holen!

6. Faul jagt gut

Der Trick mit der Tarnkappe

»Never mistake motion for action.«
Ernest Hemingway

Seepferdchen ziehen sich ihr Fast Food schneller rein, als Menschen mit den Augen zwinkern können. Ruderfußkrebse (*Copepoden*) zum Beispiel, die zu den Lieblingsspeisen der Rosse der Meere gehören, sind nur 0,2 bis 2 Millimeter groß – aber blitzschnell. Nähert sich ein Fressfeind, katapultieren sie sich innerhalb weniger Millisekunden mit ihren Ruderbeinen aus der Gefahrenzone. Die Krebslein legen dabei pro Sekunde bis zu fünfhundert Mal ihre Körperlänge zurück. Auf die menschliche Körpergröße umgerechnet, entspräche das Überschallgeschwindigkeit. Doch ausgerechnet die behäbigen Seepferdchen lehren Ruderfußkrebse das Fürchten. Wissenschaftliche Studien haben gezeigt, dass die Rosse der See ein Beutetier, das sie sich ausgeguckt haben, in neun von zehn Fällen erfolgreich zur Strecke bringen. Sie jagen also effizienter als viele andere Raubfische. Wie kann das sein?

Ein Faktor ist ihre Wunderwaffe: das Saugschnappen. Der für Beutetiere fatale Sog entsteht dabei durch ein Absenken des Zungenbeins, gefolgt von einer blitzschnellen Drehung des Kopfes in den Nacken, dem Anheben der Schädelvorderseite (Neurocranium) und einer Ausdehnung der Wangenpartie. Dieses Zusammenspiel bewirkt einen Unterdruck in der Mundhöhle, der Wasser – und damit Beute – anzieht.

Ist es nahe genug bei einem Beutetier angelangt, richtet das Seepferdchen seinen Körper mit gesenkter Schnauze direkt unter diesem auf. Dann schnellt die Trompetenschnauze plötzlich steil nach oben, und das Ross der Meere saugt einen Strudel Wasser samt der Beute in seinen zahnlosen Mund. Die Wangen entfalten dabei so gewaltige Kräfte, heißt es in alten Berichten, dass pulverisierte Nahrung wie Rauchwolken aus den Kiemen entweiche. Vielleicht hat das spektakuläre Saugschnappen der Seepferdchen also auch die einst verbreitete Vorstellung geprägt, dass es sich bei diesen Tieren um Feuer speiende Meeresdrachen handle.

In jüngerer Zeit haben Forscherinnen und Forscher mit Spezialgeräten gemessen, dass das Beuteverschlingen der Seepferdchen zu den schnellsten Bewegungen im gesamten Reich der Wirbeltiere zählt. Eine Frage aber blieb lange offen: Auf welche Weise gelingt es diesen Langsamschwimmern, so schnellen Beutetieren wie den Ruderfußkrebsen nahe genug zu kommen, um erfolgreich zuzuschnappen?

Pirscht sich ein Fressfeind an, bemerken die Minikrebse diesen nämlich fast immer bereits im Voraus an seiner Bugwelle. Ruderfußkrebse haben einen schwach ausgeprägten Sehsinn, sie nehmen Gefahren vor allem über Sinneszellen in der Haut wahr. Und auch viele andere marine Lebewesen sehen nicht gut, verfügen aber über spezialisierte Strukturen, um feine Wellenbewegungen zu erspüren. Fische haben dafür zum Beispiel das Seitenlinienorgan, das in alle Richtungen sensibel ist: Egal, ob der Feind sich von oben oder unten, hinten oder vorn nähert – er verrät sich durch die Wellen, die er schlägt. Merken die Ruderfußkrebse an kleinsten Veränderungen des Wasserdrucks, dass sich etwas auf sie zubewegt, fliehen sie, und kein Seepferdchen hätte mehr die leiseste Chance, sie einzuholen. Wollen sie Erfolg haben, ergaben Experimente, dürfen die Rosse der See daher erst zuschlagen, wenn ein solches Beutetier nur mehr wenige Millimeter von ihrer Schnauzenspitze entfernt ist – und ihre Druckwelle sie längst verraten haben müsste.

Wissenschaftler um den US-amerikanischen Biologen Bradford Gemmell von der University of South Florida in Tampa wollten entschlüsseln, mit welchen Tricks Seepferdchen ihre Opfer überrumpeln: Für ihre Untersuchung wählten sie ausgerechnet die wie in Zeitlupe schwimmenden Zwergseepferdchen (*H. zosterae*), die langsamsten Fische der Welt. In Experimenten setzten die Forscher jeweils ein solches Seepferdchen oder einen anderen Raubfisch in ein Wasserbecken, in dem Ruderfußkrebse hausten. Mit mehreren Kameras filmten sie die Raubtiere bei der Jagd und analysierten minuziös, welche Strömungen diese erzeugten, während sie auf ihre Beute zuschwammen. Anhand der Bewegung winziger Schwebeteilchen im Wasser errechnete ein Computerprogramm schließlich ein dreidimensionales Abbild aller Wasserverwirbelungen, die rund um die Räuber entstanden.

Zunächst konnten die Forscher bei den Zwergseepferdchen keinen Unterschied zu den anderen Raubfischen feststellen: Am Kopf wie am Rumpf maßen sie relativ starke, auffällige Verwirbelungen. Eine Stelle aber blieb jeweils ausgespart: schräg oberhalb der Schnauze fand sich eine kleine, weitgehend störungsfreie Zone im Wasser. Selbst wenn sich ein Zwergseepferdchen recht zügig an einen Ruderfußkrebs heranpirschte, lagen die hydrodynamischen Störungen in dieser Ruhezone unterhalb der Schwelle, die beim Beutetier den Fluchtreflex auslöste. Im Lauf der Evolution müssen Seepferdchen also perfekt daran angepasst worden sein, schräg oberhalb ihres Mauls auch bei der Vorwärtsbewegung kaum Strömungen zu verursachen.

Wodurch aber wird diese geheimnisvolle Ruhezone in der Bugwelle erreicht? Eine Antwort lieferten weitere Versuche mit künstlichen Nachbildungen der Köpfe von Zwergseepferdchen sowie anderer Räuber mit für Fischen typischerer Kopfform. Die Experimente machten deutlich, dass vor allem die extrem dünne, lang gezogene Schnauze der Seepferdchen entscheidend ist. »Sie erlaubt es dem Wasser, leichter und mit viel weniger Turbulenz an ihr vorbeizufließen als an einem stumpferen Objekt«, erklärt Bradford Gemmell. Und da das kleine Maul der Seepferdchen ganz am Ende der gertenschlanken Schnauze liegt, ist es bereits gefährlich nah beim Beutetier angekommen, bevor dieses auch nur ahnt, dass es ihm an den Kragen gehen könnte.

Zwergseepferdchen nutzen also offensichtlich eine Tarnkappentechnik, ähnlich wie Ingenieure bei der Konstruktion von Kampfflugzeugen. Bei Militärflugzeugen soll diese Methode eine Ortung mittels Radar erschweren. Um Reflexionen der elektromagnetischen Radarwellen zurück zum Sender zu vermeiden, werden die Oberflächen solcher Flugzeuge daher so geneigt, dass sie möglichst keinen Widerstand bieten – ebenso wie die Seepferdchenschnauze im Wasser.

Das heimliche Anpirschen funktioniert allerdings nur, wenn der Winkel genau stimmt, zeigten die Experimente in Florida: Nähert sich das Zwergseepferdchen seiner Beute nur ein bisschen zu steil, gerät der Minikrebs in Bereiche, in denen die ausgelösten Turbulenzen im Wasser deutlich stärker sind – und das Beutetier ist über alle Wellenberge, bevor das Seepferd zuschlagen kann. Fast immer aber gewinnt das Ross der See. »Zwergseepferdchen schaffen es, die Sinne eines der talentiertesten Fluchtkünstler der aquatischen Welt auszutricksen«, schwärmt der Biologe Bradford Gemmell. »Menschen denken bei Seepferdchen nicht gerade an ein Raubtier. In Wirklichkeit aber sind diese Fische erstaunlich gute Prädatoren.« Und das ist auch gut so, denn sie sind immer hungrig. Seepferdchen müssen ständig fressen, weil ihr rudimentäres Verdauungssystem sehr ineffizient arbeitet. Dafür sind die Rosse der Meere wahre Meister der Jagd.

Nicht nur die Tarnkappe hilft bei der Jagd auf Ruderfußkrebse.

Sie haben zwar weder Pranken noch Reißzähne, dafür können sie aber mit einem 360-Grad-Rundumblick auftrumpfen. Wie bei Chamäleons lassen sich ihre Augen unabhängig voneinander bewegen – und können dadurch zeitgleich in zwei Richtungen blicken: ideal, um Futter in allen Himmelsrichtungen zu erspähen. Und wahlweise kann, während das eine Auge Ausschau nach Beute hält, das andere die Umgebung auch nach Fressfeinden scannen.

Seepferdchen verfügen über einen erstklassigen Sehsinn. Sogar winzige Lebewesen, die sich schnell bewegen, können sie visuell lokalisieren, ohne Körper und Kopf bewegen zu müssen. Ihre trichterförmige Fovea centralis, der Bereich auf der Netzhaut mit der stärksten Sehkraft, weist zudem eine besonders hohe Konzentration von Fotorezeptorzellen auf. Experten vermuten, dass diese Besonderheit es Seepferdchen ermöglicht, visuelle Eindrücke zu vergrößern, ähnlich wie der Zoom einer Fotokamera – ideal für Raubtiere, die ihren Opfern sehr oft aus dem Hinterhalt auflauern.

Denn die meisten Rosse der See leben nach einer sympathischen, nachhaltigen Devise: Weniger ist mehr! Zumindest, was die körperliche Aktivität bei der Jagd angeht. Sie chillen, bis die Natur ihnen Essen liefert. Mit Engelsgeduld und perfekt getarnt warten sehr viele Rosse der Meere einfach, bis ihnen potenzielle Beute von Meeresströmungen vors Maul getrieben wird. Ohne aus der Puste zu kommen oder sich einen Wolf zu schwimmen, gelingt es ihnen auf diese Weise, täglich Tausende kleine Krebstiere, Schwebegarnelen, Wasserflöhe oder Fischlarven zu vertilgen. Auch winzige Fische gehören ins Beuteschema mancher Rosse der Meere, Wasserschnecken – und bei einigen Arten sogar Seepferdchenbabys. Gelegentlich verzehren sie darüber hinaus auch vegetarische Nahrung. Zoologen vermuten allerdings, dass dies unabsichtlich geschieht. Wahrscheinlich verschlingen die

Rosse der See Teile von Wasserpflanzen bei der Jagd auf Beutetiere also nur gleichsam als Beifang.

Manche Seepferdchen stellen ihre Beute auf dem Meeresboden. Andere saugen sie aus dem offenen Wasser ein. Wieder andere Arten setzen zusätzlich auf raffinierte Tricks – so wie die Zwergseepferdchen (*H. zosterae*) mit ihrer Tarnkappentechnik. Dreipunkt-Seepferdchen (*H. trimaculatus*) etwa spritzen einen Wasserstrahl ins Bodensediment, um darin verborgene Kleinstlebewesen aufzuwirbeln und zu verschlingen. »Saugen sie dabei auch Sand mit ein, wird dieser durch die Kiemen wieder ausgeblasen«, erklärt die Biologin und Seepferdchenexpertin Sara Lourie aus Montreal. Die Beutetiere, die in der Regel deutlich größer seien, würden sie dagegen im Schlund behalten.

Europäische Langschnäuzige Seepferdchen (*H. guttulatus*) wiederum lassen sich oft, den Greifschwanz um ein Seegrasblatt gewickelt, von der Meeresströmung hin und her schaukeln und schnappen unterwegs ganz entspannt nach Zooplankton. Kurzschnäuzige Seepferdchen (*H. hippocampus*) dagegen, ebenfalls in Europa heimisch, verhalten sich aktiver. Sie pirschen sich an Beutetiere heran und saugen diese mit Vorliebe von Wasserpflanzen herunter.

Auch wenn viele Meeresbewohner nicht gerade Adleraugen haben, spielt für die Jagderfolge der Seepferdchen auch die visuelle Tarnung eine wichtige Rolle. Seepferdchen in der Natur zu entdecken, sei sehr schwer, schreibt die Meeresbiologin und leidenschaftliche Tiefseetaucherin Helen Scales aus Cambridge. »Manchmal übersieht man diese Tiere gar direkt vor der eigenen Nase.« Denn viele Seepferdchen verändern je nach Bedarf ihre Farbe und verschmelzen gleichsam mit dem Hintergrund. Manche tun so, als wären sie Blätter, Stöckchen oder Seegras. »Sie können sich an unterschiedliche Habitate farblich sehr genau anpassen, zum Beispiel an Rotalgen oder orangefarbene Schwämme«, sagt Daniel Abed-Navandi, stellvertretender Direktor am Haus des Meeres in Wien. »Das geschieht über verschiedenfarbige Zellen (Chromatophoren) in der Haut, die sich ausdehnen, zusammenziehen oder überlagern können und auf diese Weise Farbveränderungen herbeiführen.« Zum Beispiel von Schwarz zu Knallorange. Besonders standorttreue Seepferdchen laden darüber hinaus Algen, Moostierchen und kleine Süßwasserpolypen dazu ein, sich an ihrer Oberfläche festzusetzen. Spezielle Zellen sondern zur Unterstützung dieses für die Tarnung hilfreichen Prozesses einen klebrigen Schleim ab.

Die wohl besten Tarnkünstler sind die kleinen Bargibant-Seepferdchen (*H. bargibanti*), die ausschließlich auf Gorgonien der Gattung *Muricella* leben. Mit ihren warzenartigen Hautauswüchsen und ihrer extrem kurzen Schnauze ahmen sie das Aussehen dieser besonderen Fächerkorallen, die wie Zweige eines Strauchs mit Frühlingsknospen aussehen, nicht nur farblich perfekt nach. Auch ihre Körperform imitiert die Struktur des Korallenstamms. Auf *Muricella plectana* tarnen sich Bargibant-Seepferdchen purpurrot mit pinkfarbenen Knubbeln, auf *Muricella paraplectana* dagegen gelb mit orangefarbenen Beulen.

Kurzum: Seepferdchen sind für ihre Jagdkünste zwar nicht so berühmt-berüchtigt wie Tiger, Wölfe oder Haie. Doch durch ihre Wunderwaffe, ihre virtuose Tarnung sowie raffinierte Tricks gelingt es ihnen dennoch, täglich Tausende kleine Beutetiere zu vertilgen. Meist bevor diese ahnen, wie ihnen geschieht. Sowohl die Stuten als auch die Hengste der Meere jagen und futtern in der Natur fast ununterbrochen. Es sei denn, sie tanzen oder vögeln gerade miteinander. Oder die Männchen sind mal wieder schwanger.

7. Miteinander reden

Warum Seepferdchen nicht die Schnauze halten

»Wasser allein macht stumm,
das zeigen im Bach die Fische.«
Johann Wolfgang von Goethe

Johann Wolfgang von Goethe, der oft als »Deutschlands größter Dichter« bezeichnet wird, hielt sich selbst auch für einen begnadeten Naturwissenschaftler. Von Fischen allerdings hatte er offensichtlich wenig Ahnung – zumindest von Seepferdchen. Denn stumm, wie Goethe offenbar glaubte, sind diese Flossentiere ganz und gar nicht. Dem erfahrenen Biologen Karl-Heinz Tschiesche, der von 1972 bis 2003 das Meeresaquarium in Stralsund leitete, war das bereits zu DDR-Zeiten aus der Fachliteratur bekannt: Zwar wiehern und schnauben Seepferdchen nicht, wie die Pferde an Land, sagt der Wissenschaftler. »Doch während ihrer Balzspiele erzeugen sie Laute, die an Trommelwirbel erinnern.« So jedenfalls hatte Tschiesche es in wissenschaftlichen Aufsätzen gelesen. Aber Trommelwirbel unter Wasser? Ein bisschen skeptisch war er damals schon. Schließlich beschloss er, der Sache auf den Grund zu gehen.

Ein Physiker aus Greifswald baute ihm ein Hydrofon, ein Unterwassermikrofon. Viele Stunden lang legte Tschiesche sich im Meeresaquarium auf die Lauer: einen Lautsprecher am Ohr, das Hydrofon an einem Kabel im Wasser baumelnd. Doch kein Laut drang aus dem Seepferdchenbecken zu ihm herüber. »Dabei bildeten sich dort gerade Pärchen«, erinnert sich der Forscher mit dem langen weißen Bart und den neugierigen Augen. »Eigentlich also die ideale Zeit, um ihrem ominösen Liebesgetrommel zu lauschen.« Manchmal schien es Karl-Heinz Tschiesche auch tatsächlich, als würden die Hengste und Stuten der See miteinander flirten. »Sobald ich aber das Hydrofon in die Nähe ihrer Röhrenmäulchen schwenkte«, erzählt er, »drehten sie sich um, schwammen davon und zogen sich hinter Felsbrocken zurück.« Oft hatten die Tiere ihre Greifschwänze ineinander verhakt, und das schnellere zog Partnerin oder Partner hinter sich her.

Schließlich griff der Leiter des Stralsunder Meeresaquariums mit der Hand ins Becken, schnappte sich eines der Seepferdchen und schob dessen Schnauze vor das Unterwassermikrofon. »Prompt strömten lange Serien von Lauten aus dem Fisch heraus«, erzählt Karl-Heinz Tschiesche. »Sicher war es in dieser Situation nicht das gesuchte Liebesgeflüster«, sagt er und lächelt. Die Rufe hätten auch nicht wie Getrommel geklungen, eher wie ein tiefes Brummen. »Aber es war zumindest eine Lautgebung, die von Seepferdchen vermutlich auch bei anderen natürlichen Erregungszuständen erzeugt wird.«

Inzwischen gingen viele Winter und Sommer ins Land. Die DDR gibt es nicht mehr, Karl-Heinz Tschiesche ist inzwischen zweiundachtzig Jahre alt – und die Erforschung der akustischen Kommunikation von Fischen hat sich zu einer eigenständigen Wissenschaftsdisziplin gemausert, zum Beispiel in Österreich. Der Biologieprofessor Friedrich Ladich arbeitet an der Universität Wien seit dreißig Jahren ausschließlich zu diesem Thema. »Es sind nicht nur eine Handvoll Plaudertaschen, die in den Meeren, Seen, Flüssen und Aquarien der Welt knurren, quaken, pfeifen, brummen, rufen, flöten, grunzen, fiepen, krächzen und tirilieren«, sagt der Bioakustiker. »Wir Fachleute schätzen inzwischen, dass bis zu

50 Prozent der 30 000 bekannten Fischarten auf akustischem Weg kommunizieren.« Die meisten ihrer Laute liegen in einem Frequenzbereich zwischen 50 und 800 Hertz, den auch das menschliche Ohr gut wahrnimmt. »Im Wasser breiten sich Schallwellen viermal so schnell aus wie in der Luft, und sie haben eine größere Reichweite«, erklärt Ladich.

Bereits zur Zeit der Antike wussten vereinzelte Gelehrte, dass Fische alles andere als stumm sind, sagt er und greift ein zerlesenes Buch aus einem Regal: die *Historia animalium* (Tierkunde) von Aristoteles, im 4. Jahrhundert erschienen. »Fische haben weder Lunge noch Luftröhre und Kehlkopf«, liest er vor. »Doch bringen sie gewisse Geräusche und Zischlaute hervor, die man als Stimme bezeichnet«: die Umberfische etwa, »die eine Art Grunzen ausstoßen«, die Eberfische, die Erzfische und die Knurrhähne. Das Spektrum ihrer Laute reiche von einer »Art Flöten« bis hin zu einem Ruf »ähnlich wie der Kuckuck«. Manche Fische erzeugen das, »was als Sprache erscheint, durch Reibung der Kiemen«, vermutete Aristoteles, andere »mit den inneren Gräten im Bereich des Magens«. Das mit den Kiemen und Magengräten konnte die moderne Forschung nicht bestätigen. Reibung aber spiele bei vielen Tönen aus der Fischwelt in der Tat eine zentrale Rolle. »Der Fachterminus lautet ›Stridulationslaute‹«, sagt Ladich und klappt die *Historia animalium* zu.

Die Stridulationslaute mancher Fische entstehen zum Beispiel dadurch, dass harte Körperteile aneinanderreiben: Einige Fischarten kratzen mit ihren Flossenstrahlen, den tragenden Elementen ihrer Fortbewegungsorgane, kräftig in den Schultergelenken, andere zupfen an Sehnen ihres Körpers wie an den Saiten eines Musikinstruments, und wieder andere knirschen lautstark mit den Zähnen. Eine weitere große Gruppe nutzt ihre Schwimmblase: das Organ, mit dessen Hilfe sie den Auftrieb regulieren. Viele Arten bringen den gasförmigen Inhalt dieser Blase durch rhythmische Kontraktionen einer speziellen Muskulatur zum Schwingen und erzeugen auf diese Weise tieffrequente Klänge. Diese Fischarten ziehen dabei sogenannte Trommelmuskeln blitzschnell zusammen – bei manchen Arten bis zu 250-mal pro Sekunde. So entstehen tiefe, brummende, knurrende oder hupende Töne, wie sie etwa für Dorsche typisch sind, erzählt Ladich.

Jetzt öffnet der Bioakustiker die Tür zu einem Laborsaal, in dem zahlreiche Aquarien stehen. Um manche Arten beim Plaudern oder Zanken zu belauschen, benötige er nicht einmal ein Unterwassermikrofon. »Hören Sie selbst«, sagt Ladich und fischt mit einem Kescher einen braun-weiß gestreiften Wels aus einem der Becken. Der etwa zwanzig Zentimeter lange Fisch, ein Liniendornwels, versucht zu fliehen – und lässt ein heiseres Krächzen erklingen.

»Manche Fische sind wahre Kommunikationsgenies«, sagt Friedrich Ladich und lässt den Fisch wieder ins Wasser gleiten: Einige teilen ihre Absichten und Emotionen über Farbveränderungen mit. Andere setzen auf Duftstoffe, wieder andere auf elektrische Signale – und sehr viele eben auf Töne. Die wohl wichtigsten Funktionen der akustischen Fischsprache seien Partnerwerbung und Reviermarkierung. Ähnlich wie beim Vogelgesang. Doch wenn Fische im Wasser herumbrüllen, könne es sich auch um Territorialkämpfe oder die Warnung vor Gefahr handeln. Experten unterscheiden zwischen Lockrufen, Alarmtönen, Kampfgeschrei und einem breiten Repertoire an Liebesliedern.

Und bei Seepferdchen? Um 1900 fiel ersten Naturforschern auf, dass auch die Rosse der Meere nicht stumm sind. Manche Seepferdchen zirpen ähnlich wie Grillen. Andere produzieren Töne, die an das Fingerschnippen nervöser Menschen erinnern. Damals vermuteten Wissenschaftler, dass die Geräusche durch das Zittern der Unterkiefer dieser Tiere entstünden. Doch das ist inzwischen widerlegt. Jüngere Untersuchungen ergaben, dass bei manchen

Kopfbewegungen der Rosse der Meere ein Schädelknochen an ihrem kronenförmigen Kopfschmuck scheuert und auf diese Weise klickende Geräusche erzeugt. Allerdings: Als Wissenschaftler in Experimenten die entsprechenden Knochen chirurgisch entfernten, klickten die Tiere in der Folge zwar weniger häufig – doch die Geräusche hörten nicht auf. Es muss also noch eine weitere Methode geben, mit der sie solche Töne erzeugen.

Warum aber wollen Seepferdchen sich überhaupt akustisch bemerkbar machen? Und wer quatscht mehr, die Hengste oder die Stuten der Meere? Beim *Homo sapiens* gelten die Damen gemeinhin als mitteilsamer als die Herren, auch wenn die Studie eines Forscherteams aus den USA dieses gefühlte Wissen kürzlich relativiert hat: Zumindest Studenten, ergab die Auswertung, quasseln fast genauso viel wie Studentinnen. Bei vielen anderen Tieren wiederum – an Land und im Wasser – scheinen die Männer sogar mehr zu kommunizieren als die Frauen. »Im Reich der Fische jedenfalls geben die Männchen Balzlaute ab, um Weibchen anzulocken«, sagt Ladich. Weibliche Flossentiere dagegen seien in der Regel eher schweigsam. Doch die Seepferdchen tanzen einmal mehr aus der Reihe. Zumindest bei den tropischen Langschnäuzigen Seepferdchen (*H. reidi*), deren Sprache Ladich gemeinsam mit Kolleginnen und Kollegen aus Österreich und Brasilien intensiv untersucht hat, erwiesen sich auch die Weibchen als sehr eloquent. Vor der Paarung, fanden die Forscher heraus, erzeugen bei dieser Spezies sowohl die Männchen als auch die Weibchen kurze, etwa zwanzig Millisekunden dauernde »Balz-Klicks«. Und diese Lautäußerungen unterscheiden sich weder in ihrer Anzahl noch bezüglich Dauer oder Tonhöhe zwischen den Geschlechtern. Sie dienen auch nicht der Partnerwerbung, stellten die Wissenschaftler fest. Doch wozu dann?

»Das gemeinsame ›Klicken‹ spielt wahrscheinlich beim Synchronisieren des Balzverhaltens eine wichtige Rolle – also beim

Vorspiel zur Paarung«, sagt Ladich. Gerade in diesem sensiblen Bereich sei jedes Hilfsmittel Gold wert. »Nur wenn Männchen und Weibchen da sehr gut zusammenarbeiten, klappt es mit der Übergabe der Eier durch das Weibchen in die Bauchtasche des Männchens und der Befruchtung.« Auf einen Bezug dieser Rufe zur Sexualität deute unter anderem hin, dass die Klickrate bei Weibchen und Männchen ansteige, je näher der Zeitpunkt der Paarung heranrücke, sagt er. Und die Produktion von möglichst viel Nachwuchs sei nun einmal das Hauptziel jeder Existenz im Reich der Tiere.

Was selbst Experten noch immer verwundert: Auf der Jagd geben tropische Langschnäuzige Seepferdchen ebenfalls Klickgeräusche von sich, und zwar rund doppelt so laute Töne wie ihre kräftigsten Balzrufe. Die Funktion dieses Jagdgebrülls ist ein Rätsel. Denn es erhöht nachweislich nicht den Erfolg beim Beutemachen, birgt aber das Risiko, dass die Seepferdchen ihrerseits Raubfische auf sich aufmerksam machen könnten. Friedrich Ladich hat inzwischen zumindest eine Vermutung: »Vielleicht wollen Seepferdchen durch ihr lautes Klicken mögliche Paarungspartner auf interessante Nahrungsquellen aufmerksam machen.«

Unstrittig ist, dass die tropischen Langschnäuzigen Seepferdchen nicht die einzigen mitteilsamen Rosse der Meere sind. Auch Zwergseepferdchen (*H. zosterae*), Linienseepferdchen (*H. erectus*), Tigerschwanz-Seepferdchen (*H. comes*) sowie weitere Arten kommunizieren untereinander mit Klickgeräuschen. Solche Laute konnten die Forscher mit Spezialgeräten sowohl bei der Balz und Paarung aufzeichnen als auch beim Wettstreit zwischen Männchen. In Aquarien klickten viele Rosse der Meere zudem bei der Fütterung oder bei Stress, der etwa entstehen kann, wenn eines der Tierchen in ein neues Becken umgesetzt wird.

Friedrich Ladich experimentiert in seinem Labor, in dem mehr als ein Dutzend Aquarien stehen, auch zum Hörvermögen von

Flossentieren. Der Forscher hält dann Elektroden an deren Kopf und leitet ihre Gehirnströme ab, ähnlich wie beim Messen des Hörvermögens eines Säuglings in der Humanmedizin. Er konnte bereits nachweisen, dass viele Wassertiere ziemlich gut hören.

Zwar sieht man sie nicht, aber Fische haben Ohren: kleine flüssigkeitsgefüllte Säckchen hinter den Augen, die in ihrer Funktionsvielfalt dem Innenohr der Landwirbeltiere ähneln. Auftreffende Schallwellen versetzen den ganzen Fisch in Schwingungen, da er in seiner Dichte dem Medium Wasser gleicht. Kleine, in der Innenohrflüssigkeit befindliche Gehörsteinchen (Otolithen) aus Kalk machen diese Schwingungen aber nur verzögert mit, wodurch feine Haarsinneszellen erregt werden, die ihre Informationen ans Gehirn weiterleiten. Bei rund einem Drittel aller Fischarten ist das Innenohr zudem über feine Knöchelchen mit der Schwimmblase verbunden, sodass Schwingungen der Blase auf das Ohr übertragen werden. »Richtig gut hören zum Beispiel Goldfische und ihre riesige Verwandtschaft von über zehntausend Arten«, sagt Ladich. »Die haben mehrere Gehörknöchelchen – ähnlich dem Gehörapparat des Menschen – und nutzen ihre Schwimmblasenvorderwand gleichsam als Trommelfell.« Und Seepferdchen?

Manche Wissenschaftler vermuten gar, dass die Rosse der Meere ihre Lautäußerungen auch zur Orientierung nutzen. Ähnlich wie Fledermäuse würden sie Schallwellen aussenden, die von Objekten in ihrer Nähe reflektiert und als Echo vom Ohr aufgenommen würden. Und das Gehirn der Seepferdchen verarbeite die Informationen dann zu einem Bild der Umgebung. Friedrich Ladich ist da skeptisch. Das Hörvermögen der Seepferdchen sei vergleichsweise bescheiden und basiere ausschließlich auf Otolithen, sagt er. Viele andere Fische haben ein besseres Gehör. Und so etwas Diffiziles wie die Echolot-Ortung könne beim rudimentären Hörapparat der Seepferdchen ziemlich sicher nicht funktionieren. Die Rosse der Meere scheinen also laut und vorlaut zu sein – obwohl sie selbst über das Gehör gar nicht allzu viel mitbekommen.

Umso erstaunlicher, dass tropische Langschnäuzige Seepferdchen (*H. reidi*) – neben den unterschiedlichen Klickgeräuschen bei Balz und Jagd – noch eine dritte Art von Lauten erzeugen. Werden sie festgehalten oder aus dem Wasser gehoben, geben sie ein seltsames Knurren und Brummen von sich – wohl ähnlich den Geräuschen, die Karl-Heinz Tschiesche im Aquarium in Stralsund einst zu Ohren kamen. Diese Laute haben mit rund 200 Hertz eine deutlich niedrigere Frequenz als die Klickgeräusche und werden ziemlich sicher auf andere Weise erzeugt. Wie, ist noch völlig unklar. Dass, wie bei vielen anderen Fischen, Schwingungen des Gases in der Schwimmblase der Auslöser sind, halten Fachleute für unwahrscheinlich. Ladich und sein Team fanden bei den tropischen Langschnäuzigen Seepferdchen jedenfalls keine sogenannten Trommelmuskeln, die durch rhythmische Kontraktionen auf die Schwimmblase einwirken könnten.

Noch mehr interessiert die Forscherinnen und Forscher natürlich, zu welchem Zweck Seepferdchen die rätselhaften Knurr- und Brummtöne überhaupt von sich geben. Die Biologin Tacyana Oliveira von der Universidade Estadual da Paraíba in Brasilien, die mit Ladich an der Uni Wien geforscht hat, kam zu dem Schluss, dass diese Töne zu leise seien, um – beim beschränkten Hörvermögen der Seepferdchen – als Warnsignal für Artgenossen dienen zu können. Sie vermutet dagegen, dass das Knurren und die Körpervibration gestresster Seepferdchen, die sie bei ihren Experimenten ebenfalls feststellte, das Potenzial haben, Fressfeinde zu irritieren. »Vielleicht gerade stark genug, um sich zu befreien.«

Gut möglich also, dass es manchen Seepferdchen in Todesgefahr gelingt, durch ihr Gebrumm Raubfischen oder -vögeln einen kurzen Schreck einzujagen und aus deren Maul zu entfliehen. Das Unerfreuliche für die Rosse der Meere: Schleppnetze – in der modernen Welt die mit Abstand größte Gefahr für ihre Existenz – haben keine Ohren (vgl. Kapitel 18).

8. Unterwasserballett

Liebe, Sex & Partnerschaft

»Denn die Liebe, Liebe, Liebe, Liebe,
die macht viel Spaß, viel mehr Spaß als irgendwas.«
DÖF, »Codo«

Was Paarbeziehungen betrifft, könnte die Menschheit viel von diesen Fischen lernen. Denn während beim *Homo sapiens* Männchen und Weibchen oft permanent aneinanderkleben, bis beiden die Luft zum Atmen fehlt, reiben sich Hengst und Stute in der Welt der Seepferdchen nicht ständig in einem drögen gemeinsamen Alltag auf, sondern verbringen ausschließlich sogenannte Qualitätszeit miteinander: Sie plaudern, flirten, tanzen – oder haben Sex. Während der übrigen Zeit schwimmen Männchen und Weibchen ihrer eigenen Wege, dösen, lassen sich von Meeresströmungen umhertreiben – oder hängen entspannt irgendwo herum und schlagen sich den Bauch voll.

Hatten sie genügend Freiraum, freuen sie sich wieder aufeinander. Zumindest wirkt das so. Denn Seepferdchen sind die geborenen Party-Tiere. »Sorry, ich kann nicht tanzen«, hat wahrscheinlich noch nie ein Hengst der Meere gestammelt, wenn ihn eine Stute zu Walzer oder Tango aufforderte. Paartänze gehören im Reich dieser Fische zu den Lieblingshobbys beider Geschlechter: Gleich bei Sonnenaufgang kommen Weibchen und Männchen zusammen, schmiegen ihre Schnauzen sanft aneinander und beginnen, einander leichtflossig zu umkreisen. Viele geben dabei verführerische Klicklaute von sich. Anmutig wiegen die Partner sich gemeinsam hin und her, wie im Takt einer Unterwassermusik. Oft tanzen, kuscheln und schmusen sie so verträumt miteinander, als hätten sie jedes Zeitgefühl verloren. Dabei ist die Liebe gefährlich für Seepferdchen. Beim Paartanz werden Hormone ausgeschüttet, die ihre Tarnung aufheben können: Bei vielen Arten lösen diese Botenstoffe Farbveränderungen aus, sodass ihre Körper aufleuchten und die Kontraste ihrer Muster auf der Haut stärker werden. Forscher vermuten, dass die Tiere einander auf diese Weise ihre Paarungswilligkeit signalisieren.

Denn das gemeinsame Tanzen ist auch ein Mittel der Verführung. Vor der Paarung kann dieses Vorspiel viele Stunden dauern. Schließlich gibt das Weibchen das Zeichen, dass es nun zur Sache geht: Es schwimmt Richtung Wasseroberfläche, deutet mit der Schnauze gen Himmel und streckt seinen Körper kerzengerade aus. Eine Pose, die auf das Männchen unwiderstehlich wirkt. Kraftvoll drückt der Hengst der Meere daraufhin sein Kinn gegen die Brust und lässt den Greifschwanz wie die Klinge eines Klappmessers vor und zurück schnappen. So pumpt er Wasser in seine Bauchtasche und präsentiert, wie geräumig diese ist.

Bald darauf schmiegen sich Stute und Hengst eng aneinander und lassen sich gemeinsam Richtung Wasseroberfläche treiben. Sie pressen ihre Leiber gegeneinander, sodass sich ihre Schnauzen und Oberkörper berühren. Aufgrund ihrer geschwungenen Statur entsteht zwischen ihnen ein Freiraum, der die Form eines Herzens hat. Dann geschieht etwas Erstaunliches: Aus der Körpermitte der Seepferdchendame stülpt sich ein röhrenförmiger Stutzen, der an einen Penis erinnert, der sogenannte Ovipositor. Auf dem Höhepunkt des Liebesspiels heben beide Partner wie in Ekstase den Kopf, wölben ihre Rückenpartie, Madame Seepferdchen spritzt ihre Eier in die Bauchtasche des Männchens und der Partner befruchtet sie mit seinen Spermien.

Kurz danach lösen sich die Liebespartner voneinander. Die Farben und Muster ihres Körpers werden wieder unscheinbarer. Das Männchen schüttelt sich, sodass die befruchteten Eizellen in seinem Brutbeutel in eine günstige Lage rutschen. Seine Partnerin schwimmt dann meist bereits wieder davon, um zu jagen und neue Kalorien anzufuttern. Für den werdenden Vater dagegen beginnt die strapaziöse Zeit der Schwangerschaft.

Weshalb bei den Seepferdchen die Hengste trächtig werden, beschäftigt die Wissenschaft seit Jahrzehnten. Erst jetzt zeichnen sich erste Erklärungen ab (vgl. Kapitel 9). Doch das ist nicht das einzige Rätsel bei der Fortpflanzung dieser Fische. Lange gingen Biologinnen und Biologen wie selbstverständlich davon aus, dass die Männchen – wenn sie schon die klassische Mutterrolle übernehmen – die Eizellen direkt in ihrer Bauchtasche befruchten. Dann aber stießen Forscher auf eine weitere Kuriosität: Zumindest bei den weitverbreiteten Gelben Ästuarenseepferdchen (*H. kuda*) können die Männchen ihr Sperma gar nicht in den Brutbeutel abgeben. Denn ihr Samenleiter endet außerhalb dieser Bauchtasche. Auch bei den europäischen Langschnäuzigen Seepferdchen (*H. guttulatus*) und den Kurzschnäuzigen Seepferdchen (*H. hippocampus*) ist eine Besamung im Brutbeutel anatomisch unmöglich. Wie und wo kommen Eizellen und Spermien also zusammen?

Der britische Zoologieprofessor William Holt von der University of Sheffield ist weltweit einer von ganz wenigen Fachleuten für Seepferdchensex. »Es gibt vieles, was wir über die Befruchtung bei diesen Tieren nicht wissen«, sagt er. »Aber auch einige Dinge, die wir inzwischen wissen.« Bei den Gelben Ästuarenseepferdchen würden die Samen während der Paarung in der Tat aus dem Körper des Männchens austreten, und die Öffnung ihres Brutbeutels liege etwa 0,4 Zentimeter vom Ende des Samenleiters entfernt. »Kaum vorstellbar, dass die Spermien diese Distanz schwimmend zurücklegen können, ohne im Meer verloren zu gehen – schon weil sie viel zu langsam sind«, sagt Holt. »Wir gehen daher inzwischen davon aus, dass das Weibchen, wenn es seine Eizellen mit dem Ovipositor in den Beutel des Männchens schiebt, unterwegs auch die Spermien aus dem Meerwasser aufschaufelt, sodass sich Samen- und Eizellen im Brutbeutel treffen.« William Holt hält es für sehr wahrscheinlich, dass die Befruchtung auch bei vielen weiteren Seepferdchenarten so umständlich zustande kommt.

Unterwegs die Spermien irgendwie »aufschaufeln«? Wie bizarr. Wozu dann der ganze Aufwand mit Balz und Paarung? Warum geben die Weibchen ihre Eizellen nicht einfach ins Wasser ab, wie fast alle anderen Fischdamen, und lassen sie dort in aller Ruhe befruchten? Das Fortpflanzungsverhalten der Gelben Ästuarenseepferdchen wirkt unlogisch und absurd, als würde ein Jäger erst umständlich seine Flinte laden, nur um sie anschließend nach einem Beutetier zu werfen.

Axel Meyer, Professor für Evolutionsbiologie an der Universität Konstanz, lächelt. Bei Weitem nicht alle Vorgänge in der Natur seien, was ihre Effizienz betrifft, perfekt ausgestaltet, sagt er. »Die Evolution beginnt ja auch nicht mit einem weißen Blatt Papier, sondern muss mit dem vorliebnehmen, was als Ausgangsmaterial da ist.« Die Evolution sei also »kein Ingenieur, sondern ein Bastler«. Organismen müssten in jeder Generation funktionieren, und dies bedinge, dass die Evolution auf Funktionierendem aufbaue, ja aufbauen müsse: »Dadurch werden auch Zufälle eingefroren und Bedingtheiten weitergegeben.« Manches lasse sich da nur sehr langsam verändern, anderes vielleicht gar nicht mehr. Aus diesem Grund gebe es bis heute nicht wenige »Fehlkonstruktionen« in der Natur, sagt Axel Meyer: zum Beispiel Albatrosse, die mit bis zu 3,5 Metern Flügelspannweite so groß und schwer sind, dass sich manche beim Landen den Hals brechen. »Sogar das ›Design‹ des Menschen hat Schwächen«, so der Evolutionsforscher. »Die enge

Verbindung zwischen unserer Luft- und Speiseröhre begünstigt zum Beispiel Erstickungstode.«

Dass Charles Darwin, der Begründer der Evolutionsforschung, bereits 1869 vom »survival of the fittest« – dem »Überleben der Bestangepassten« – schrieb (eine Formulierung, die er vom britischen Philosophen und Soziologen Herbert Spender übernahm), sei da kein Widerspruch. »Darwin bezieht dieses Prinzip vor allem auf Individuen der gleichen Spezies«, erklärt Axel Meyer. »Und Sie sollten bei ›fit‹ nicht ans Fitnessstudio denken.« Entscheidend sei in der Natur letztlich nur, wie viele Nachkommen ein Individuum hinterlasse, im Verhältnis zum Fortpflanzungserfolg seiner Artgenossen. »Fitness wird gemessen als der relative Überlebens- und Fortpflanzungserfolg des eigenen Erbguts im Verhältnis zu demjenigen der anderen Wettbewerber der Population.«

Dass die Öffnung des Samenleiters von Hengsten der Meere eher ungünstig positioniert ist, betrachten Evolutionsforscher wie Meyer als Beleg dafür, dass die Männerschwangerschaft bei diesen Tieren in kleinen Schritten entstanden sei – und eben nicht auf dem Reißbrett geplant wurde. Daher schleppe der Körper der Männchen dieses Handicap bis heute mit sich herum.

Ein vielleicht noch größeres Rätsel, das Seepferdchenforscher umtreibt, ist die Monogamie dieser Tiere: Nur drei Prozent aller Säugetiere gehen eine feste Paarbindung ein, und bei Amphibien, Reptilien und Fischen sind es noch viel weniger. Die meisten Seepferdchen aber sind gleichsam vorbildliche Eheleute, die niemals fremdgehen. Und nicht nur, dass sie ihre Partnerschaften liebevoll anbahnen. Sie wenden auch sehr viel Zeit dafür auf, diese durch gemeinsame Aktivitäten zu pflegen und zu festigen. Bei vielen Seepferdchenarten kommen miteinander verbandelte Weibchen und Männchen täglich zusammen, um sich gegenseitig zu begrüßen und gemeinsam eine Weile lang die Tanzflosse zu schwingen. Verhaltensforscherinnen vermuten, dass bei den Rossen der

Meere vor allem solche Rituale, und weniger der Sex, die Paare zusammenhalte. Auch die Mondphasen scheinen einen Einfluss auf das Liebesleben der Seepferdchen zu haben: Bei Neu- und Vollmond kommt es bei diesen Tieren besonders häufig zu Schäferstündchen. Nicht selten bleiben Paare außerdem ihr ganzes Leben zusammen. Geht der eine Partner Fischern ins Netz, lässt der andere ihn nicht im Stich, sondern folgt freiwillig in die Gefangenschaft, heißt es in alten Berichten. Und Aquarianer erzählen, dass nach dem Tod eines Seepferdchens der verbliebene Partner nicht selten innerhalb der nächsten Tage ebenfalls stirbt. Ob Trauer den Witwen und Witwern dann die Lebenskraft raubt? Dagegen wirkt der *Homo sapiens* nicht erst im Tinder-Zeitalter oft oberflächlich.

Wenn aber bei den Rossen der Meere doch die Hengste schwanger werden, fragen sich Zoologen, warum verteilen die Stuten dann ihre Eizellen nicht einfach auf so viele Geschlechtspartner wie möglich – so wie das im Tierreich die meisten Männchen mit ihren Spermien praktizieren? Männliche Menschenaffen, Hunde und Wale verfügen gar über eine Art Penisknochen, also gleichsam über eine Dauererektion, die es ihnen ermöglicht, rund um die Uhr mit allen möglichen Partnerinnen Sex zu haben. Die meisten Seepferdweibchen dagegen bleiben ihrem Gatten treu und haben nach dem »ehelichen« Liebesspiel erst wieder Geschlechtsverkehr, wenn die Geburt vorbei und der Partner erneut zur Empfängnis bereit ist. Warum schwimmen die Seepferdchen aus der Reihe?

»Wir wissen generell noch wenig über die Entstehung von Monogamie im Tierreich«, sagt die Evolutionsbiologin Anna Lindholm von der Universität Zürich. Gut belegt sei aber, dass dieses Phänomen im Lauf der Evolution mehrfach unabhängig voneinander ausgeprägt wurde. Und eine Studie von Wissenschaftlern aus den USA habe unlängst gezeigt, dass bei so unterschiedlichen monogam lebenden Arten wie Präriemäusen, Baumfröschen und

Bergpiepern die Aktivität von vierundzwanzig Genen im Erbgut nach einem speziellen Muster entweder verstärkt oder abgeschwächt werde, erzählt Lindholm. Es sei zu erwarten, dass dieses besondere Muster auch bei den Seepferdchen vorliege. Den Sinn der Monogamie indes könnte auch diese Erkenntnis nicht erschließen.

»Ein Grund dafür, dass sich feste Partnerschaften in der Natur rechnen können, liegt darin, dass bei manchen Arten die Nachkommen nur mit der Fürsorge beider Eltern erfolgreich groß werden«, erklärt die Professorin für Evolutionsbiologie und Umweltwissenschaften. Zum Beispiel bei Störchen, Wölfen und Bibern. So weit, so gut. Bei Seepferdchen aber greift diese Erklärung nicht. Denn deren Babys schwimmen von Geburt an ihrer eigenen Wege und werden weder von Papa noch von Mama unterstützt. Sind Seepferdchen vielleicht einfach stärker liebesfähig als andere Tiere?

Evolutionsforscherinnen wie Anna Lindholm bezweifeln das. Einen Vorteil habe die Monogamie für Seepferdchenmännchen hingegen durchaus, betonen sie: Werdende Väter könnten sich sicher sein, dass sie ausschließlich ihre biologischen Nachkommen im Bauch austragen und keine sogenannten Kuckuckskinder, die ihnen von Konkurrenten untergejubelt wurden. Bei Lachsen etwa husche häufig ein zweites Männchen ins Nest und gebe ebenfalls Sperma zu den von einem Weibchen abgelegten Eiern hinzu, erzählt Lindholm. Genau wie das territoriale Männchen, der gleichsam »offizielle Vater«.

Doch wie hoch ist die Gewissheit ihrer biologischen Schwangerschaft bei den Hengsten der Meere tatsächlich, wo ihre Spermien doch – zumindest bei Gelben Ästuarenseepferdchen – gar nicht auf direktem Weg in den Brutbeutel gelangen? Könnten »unterwegs« nicht auch andere Männchen ihren Samen dazugeben? Zoologieprofessor William Holt von der University of Sheffield winkt ab. Die komplizierte Fortpflanzungsstrategie bei den Gelben Ästuarenseepferdchen bringe da sehr wohl eine gewisse Sicherheit. »Wenn Seepferdchen sich paaren, befinden sie sich sehr nahe beieinander.« Da könne sich kein Konkurrent dazwischendrängen. »Zudem wird der Brutbeutel des Männchens nach wenigen Sekunden verschlossen, sodass keine weiteren Eizellen eingeführt werden können«, betont Holt. »Es gibt also weder die Möglichkeit, dass mehr als ein Männchen die Eizellen eines Weibchens befruchtet, noch die Möglichkeit, dass mehr als ein Weibchen Eizellen in den Beutel einführt.« Ein fairer Deal also.

Der Hauptgrund für die Monogamie vieler Rosse der Meere liegt aber ziemlich sicher anderswo, betonen Experten: Die meisten Seepferdchenspezies leben über große Gebiete verstreut, sind sehr langsame Schwimmer – und, je nach Art, auch noch sehr selten. Auf einer Fläche von fünfzig Kubikmetern lebt in den Meeren der Welt nach Schätzungen durchschnittlich nur ein einziges dieser kleinen Tiere.

»Da weite Streifzüge auf der Suche nach Sexualkontakten kaum infrage kommen, ist jeder halbwegs brauchbare Paarungspartner ein kostbares Gut, sowohl für Männchen als auch für Weibchen – und man gibt ein solches Gegenüber nicht leichtfertig wieder auf«, sagt der Evolutionsbiologe Axel Meyer von der Universität Konstanz. »Denn durch feste Partnerschaften können fruchtbare Tiere die Weitergabe ihrer Gene trotz der niedrigen Dichte von Artgenossen effizient gestalten.« Meyer verweist auf einen Extremfall: die Anglerfische in der Tiefe des Meeres. Dort, in der Dunkelheit, sei es für Tiere eine große Seltenheit, überhaupt Artgenossen zu begegnen. Trifft ein männlicher Tiefsee-Anglerfisch also auf einen weiblichen, ist er nicht etwa wählerisch, sondern dockt augenblicklich an die Artgenossin an – im wahrsten Sinne des Wortes: Zunächst wachsen die Häute des Paares zusammen, später verbinden sich sogar ihre Blutkreisläufe. Die Kieferknochen des Männchens bilden sich zurück – und schließlich verschmilzt es mit dem weiblichen Organismus. Bei einigen Arten von Tiefsee-Anglerfischen löst sich am Ende, abgesehen von den Hoden, der gesamte männliche Körper auf, erzählt Meyer. Klingt nicht gerade nach einer Traumhochzeit – aber eine engere und verbindlichere Beziehung kann man sich schwer vorstellen.

Auch die Rosse der Meere sind sehr wahrscheinlich vor allem deshalb treue Partner, weil sie selten Artgenossen begegnen, sagen Evolutionsbiologen. Und durch ihr tägliches gemeinsames Tanzen – sowie, in größeren Abständen, die langen »Hochzeitstänze« – können die »Ehepartner« nicht nur für eine technisch präzise Übergabe der weiblichen Eizellen üben. Auf diese Weise ist es ihnen sogar möglich, ihre reproduktiven Zyklen, die durch Geschlechtshormone gesteuert werden, einander anzugleichen, vermuten Fachleute: Die »nächsten« weiblichen Eizellen werden dann genau zu dem Zeitpunkt reif, an dem der »Gatte« die Geburt hinter sich gebracht hat.

Doch viele Wege führen bekanntlich nach Rom – oder eben zum Fortpflanzungserfolg. Neuere Forschungen zeigen, dass in Wirklichkeit längst nicht alle Seepferdchen treu sind. Als besonders umtriebig präsentierte sich ein weibliches Denise-Zwergseepferdchen (*H. denise*), dessen Geschlechtsleben Wissenschaftler beobachtet haben: Diese winzige Stute der Meere führte eine Dreiecksbeziehung, tanzte also gleichsam ständig auf zwei Hochzeiten und hatte mit beiden Partnern Sex. Der biologische Vorteil: Ihr Risiko, den Gatten samt heranwachsendem Nachwuchs zu verlieren, wurde verteilt. Das Seepferdweibchen handelte also geschäftstüchtig, nach der auch unter Börsenspekulanten der Art *Homo sapiens* beliebten Strategie: »Du sollst nicht alle Eier in einen Korb legen!«

Es geht bei den Rossen der Meere auch noch promiskuitiver: Dickbauchseepferdchen (*H. abdominalis*), die in Australien und

Neuseeland heimisch sind, streben gar nicht erst eine feste Partnerschaft an. Stattdessen vögeln sie weitgehend wahllos herum. Das wiederum passt gut zur »Treue durch Seltenheit«-Theorie der Wissenschaftler: Denn ausgerechnet Dickbauchseepferdchen leben im Meer auf engerem Raum beieinander als die meisten anderen Seepferdchenarten. Und noch etwas untermauert diese Theorie: Im Gewimmel von Artgenossen nehmen es auch viele andere Rosse der Meere – Hochzeitsromantik hin oder her – mit Seitensprüngen nicht so genau, ergaben wissenschaftliche Studien in Aquarien. Bei entsprechender Auswahl beglückte so manches Seepferdchen bis zu fünfundzwanzig Partnerinnen und Partner pro Tag. Gut möglich also, dass ein berühmtes Bonmot aus der Welt des *Homo sapiens* auch auf diese Fische zutrifft: »Moral ist Mangel an Gelegenheit.«

9. Willi hat schon wieder Wehen

Das Rätsel der Männerschwangerschaft

»Nur Mütter können an die Zukunft denken –
denn sie bringen sie mit ihren Kindern zur Welt.«
Maxim Gorki

»Männer wollen nur das eine«, wird oft behauptet. Und in der Tat tummeln sich im Tierreich unzählige Arten, bei denen die Männchen ihre Spermien auf so viele Weibchen wie möglich verteilen – und sich nach der Paarung jeweils rasch verabschieden. Es gibt aber auch Spezies, bei denen die Herren der Schöpfung ihre »väterlichen Pflichten« enorm ernst nehmen: Bei den Straußen zum Beispiel erziehen sie oft nicht nur ihre eigenen Nachkommen, sondern in einer Art Kindergarten auch diejenigen anderer Paare. Bei manchen Froscharten in australischen Regenwäldern tragen die Männchen ihre Babys in einem Beutel aus. Und bei den – eng mit den Seepferdchen verwandten – Seenadeln schleppen sie den heranwachsenden Nachwuchs ebenfalls am Körper durch die Unterwasserwelt. Diese schmalen, lang gestreckten Fische betrachten Evolutionsforscher wie Peter Teske von der University of Johannesburg gleichsam als eine Art Zwischenstadium auf dem Weg zur Männerschwangerschaft bei den Seepferdchen: Bei Fahnenschwanz-Seenadeln etwa kleben die befruchteten Eier außen am Bauch des Männchens, bei manchen Drachenkopf-Seenadeln dagegen liegen sie in einer Hautfalte versteckt. Ausschließlich bei den Rossen der Meere aber haben die Männchen einen

Brutbeutel, der nach der Empfängnis geschlossen wird und die Funktion von Gebärmutter samt Plazenta übernimmt. Erst kurz vor der Geburt öffnet er sich wieder.

»Bei männlichen Seepferdchen handelt es sich in der Tat um eine klassische Schwangerschaft«, sagt Tony Wilson, Professor für Evolutionsbiologie am Brooklyn College in New York. Er und seine Kollegen konnten bereits 2001 nachweisen, dass bei den Rossen der See die werdenden Väter die Embryonen in ihrer Bauchtasche mit Nährstoffen versorgen. Inzwischen wird immer deutlicher, wie stark die Schwangerschaft männlicher Seepferdchen derjenigen weiblicher Säugetiere ähnelt: Zum Beispiel schützt das väterliche Immunsystem die Embryonen vor Krankheiten. Wissenschaftler des GEOMAR Helmholtz-Zentrums für Ozeanforschung in Kiel untersuchen gerade das Mikrobiom (die symbiontischen Bakterien), das bei der Schwangerschaft von Seepferdchen involviert ist: Über die Bruttasche überträgt es der werdende Vater an die Nachkommen und ermöglicht es diesen so, ihr Immunsystem zu stärken. Darüber hinaus werden die Ausscheidungen der Embryonen über den väterlichen Organismus entsorgt, es werden nahrhafte, energiereiche Fette zur Verfügung gestellt, und es kommt zu einem Gasaustausch für die Atmung der Keimlinge. Doch wie läuft so eine Männerschwangerschaft genauer ab?

Sind die besamten Eizellen in der Bauchtasche des werdenden Vaters angekommen, verändert sich deren Innenhaut: Sie schwillt an, und es bilden sich zusätzliche Blutgefäße. Das ermöglicht es den Eiern, sich wie in einer Gebärmutterwand einzunisten. Die Eizellen selbst sind bei Seepferdchen birnenförmig. Forscher haben errechnet, dass diese ungewöhnliche Form eine um neun Prozent größere Oberfläche bietet als diejenige eines Vogeleis gleichen Volumens. Und aufgrund der vergrößerten Oberfläche können die Eier im Brutbeutel wahrscheinlich entsprechend effizienter mit Sauerstoff versorgt werden.

Nach etwa ein bis zwei Wochen zerbrechen die fragilen Eierschalen schließlich, und die Embryonen werden direkt in das schwammartige Gewebe eingelagert. Über die Innenhaut des Brutbeutels erhalten sie Sauerstoff und wichtige Nährstoffe.

Der Experte für marine Ökologie und Seepferdchenfachmann Ralf Schneider vom GEOMAR Helmholtz-Zentrum für Ozeanforschung in Kiel gehört zu den wenigen Wissenschaftlern, die diese Vorgänge bis ins Detail untersucht haben. »Die innerste Gewebeschicht der Bruttasche der Seepferdchen und anderer *Syngnathidae*, die sogenannte Pseudoplazenta, wird während der Schwangerschaft sehr stark durchblutet«, erklärt er. »Und da es sich um ein sehr durchlässiges Gewebe handelt, wird durch Diffusion Sauerstoff in die Bruttasche abgegeben und Kohlenstoffdioxid (CO_2) aufgenommen – ein Gasaustausch, wie er auch in den Kiemen stattfindet, nur in umgekehrter Richtung.«

Zwar haben die befruchteten Eier ihren eigenen Dottersack als Grundlage der Nahrungsgrundversorgung. Doch der Körper des Vaters versorgt sie weit darüber hinaus: Die Embryonen erhalten auf diesem Weg zusätzlich Kalzium, das für den Skelettaufbau benötigt wird, und Fette. Lipide – wie etwa die bekannten Omega-3-Fettsäuren – sind während des Wachstums oder für bestimmte Körperfunktionen besonders wichtig. Vermutlich werden diese Nährstoffe über Drüsen in die Bauchtasche abgegeben und von den Embryonen aufgenommen. »Die werdenden Väter reichen ihren Nachkommen also gleichsam einen Energiecocktail«, sagt Schneider. Und die Abfallstoffe? Lösliche Stoffe, wie etwa Ammoniumverbindungen, gehen durch Diffusion ins Blut des Vatertiers über und werden dort über die Niere ausgeschieden. Und feste Abfallstoffe fallen während der Embryonalentwicklung nicht an. In der späteren Schwangerschaft, wenige Tage vor der Geburt, öffnen die werdenden Väter den Brutbeutel dann gelegentlich ein wenig, erzählt der Seepferdchenforscher. Das habe vermutlich den Zweck, die Jungtiere an den hohen Salzgehalt des Meerwassers zu gewöhnen. »Das Ausspülen von Abfallstoffen aus der Bauchtasche ist aber wohl zumindest ein erwünschter Nebeneffekt.«

Eine Studie, die australische Wissenschaftler der University of Sydney unlängst veröffentlicht haben, zeigt, dass zehn Prozent der Gene, die bei der Schwangerschaft weiblicher Säugetiere aktiv sind, auch bei trächtigen Hengsten der Meere eine wichtige Rolle spielen: Unter anderem wird im Körper werdender Seepferdchenväter das Hormon Prolaktin gebildet, das bei Säugetieren wie dem Menschen bei schwangeren Weibchen die Milchbildung anregt. Bei den Seepferdchen kontrolliert dieses Hormon die Nährstoffversorgung der Embryonen in der Bauchtasche.

Eine große Besonderheit der Schwangerschaft bei den Rossen der See: In der Bauchtasche des werdenden Vaters wachsen die Eizellen in einer Art Fruchtwasser heran, dessen chemische Zusammensetzung anfangs an die Körperflüssigkeit adulter Seepferdchen erinnert. Im Verlauf der Schwangerschaft aber nähert das Fruchtwasser sich in chemischer Hinsicht immer stärker dem (stark salzhaltigen) Meerwasser ihres späteren Lebensraums an – was den Geburtsschock für die heranreifenden Jungtiere mildert.

Doch wenn bei den Seepferdchen die Hengste für Schwangerschaft und Geburt zuständig sind, was macht sie dann noch zu Männchen? »Ganz einfach«, sagt der Biologieprofessor Axel Meyer von der Universität Konstanz und lacht. »Ihre Spermien.« Klassischerweise produziert der Organismus von Männchen in der Natur eine riesige Zahl winziger, mobiler Spermien. Im Körper der Weibchen dagegen reifen große Eizellen heran, die weniger mobil sind und zur Herstellung viel mehr Energie benötigen. Auch bei den Seepferdchen. So weit, so normal.

Warum aber machen die Hengste der Meere nicht flinke Flosse, sondern muten sich die Strapazen von Schwangerschaft und Geburt zu? Weshalb zeugen sie nicht – wie die Herren der Schöpfung bei fast allen anderen Spezies – so viel Nachwuchs wie möglich und überlassen den Stress den Damen? Getreu dem unter Männern der Art *Homo sapiens* zum Beispiel in Berliner Sponti-Kreisen beliebten Motto: »Hauptsache gesund – und die Frau hat Arbeit!«

Gerade im Reich der Fische haben die Männchen bei einer ganzen Reihe von Arten die Neigung, ihre Nachkommen zu betreuen und zu versorgen, sagt Axel Meyer. Manche verteidigen die befruchteten Eier; andere schleppen diese gar im Maul umher und brüten sie dort aus. »Bei den Fischen sind es sogar überwiegend die Männchen, die sich um die Brutpflege kümmern«, so der Biologe. Aus leicht nachvollziehbaren Gründen. »Bei der großen Mehrzahl der Fische müssen die Weibchen ja erst einmal ihre unzähligen Eier ins Wasser abgeben, und erst dann können die Männchen diese befruchten. Die Weibchen haben also die Gelegenheit, sich ›vom Acker zu machen‹. Sie sind bei der Befruchtung oft bereits wieder weg – und die Brutpflege bleibt an den Männchen hängen.«

Evolutionsforscher vermuten, dass die Ururrahnen der Seepferdchen den heutigen Stichlingen (*Gasterosteidae*) ähnlich waren: silbergrauen Schwarmfischen, die in Europa und Nordamerika verbreitet sind. Auch bei dieser Spezies versorgen die Männchen die Eier: Im Sommer, wenn die Tage länger werden und sich das Wasser erwärmt, suchen sie flache Ufergewässer mit reichlich Vegetation auf, und ihr sonst unauffällig gefärbter Körper wird knallrot. Durch Revierkämpfe mit Konkurrenten grenzen sie Areale gegeneinander ab. Hat ein Männchen dann im lockeren Sand eine Mulde ausgebuddelt und diese mit einem Geflecht aus Pflanzenstängeln überdacht, hält es Ausschau nach laichreifen Weibchen. Mit einem Zickzacktanz bezirzt es die Auserwählte und dirigiert sie mit der Schnauze zum Eingang des Nests. Kaum hat die Fischdame ihre Eier abgelaicht, besamt das Männchen das Gelege. Danach aber zieht das Weibchen weiter – und für das Männchen beginnt der Ernst des Lebens: Wochenlang ist es damit beschäftigt, das Gelege vor Nesträubern zu schützen, frisches Wasser herbeizufächeln und faule Eier auszusortieren. Verlassen die Jungtiere dann erstmals das Nest, hält der Vater sie im Schwarm zusammen und sorgt dafür, dass sie nach dem Ausflug alle wieder zurück nach Hause kommen. Zu diesem Zweck saugt er die Jungfische manchmal gar vorübergehend in sein Maul und befördert sie ins Nest zurück.

Wahrscheinlich verhielten sich die frühen Vorfahren der heutigen Seepferdchen einst ähnlich, glauben Experten. Über Jahrmillionen hinweg aber begannen manche männliche Stichlinge dann offenbar damit, bereits die befruchteten Eier am Körper mit sich zu tragen – vielleicht, weil sich in ihrem Lebensraum zu viele Fressfeinde tummelten oder wenig geeignetes Material für den Nestbau verfügbar war. Die Evolutionsökologin Olivia Roth vom GEOMAR Helmholtz-Zentrum für Ozeanforschung Kiel tippt auf einen anderen Auslöser. »Seepferdchen sind sehr aktive Jäger, die regelmäßig Lebendfutter zu sich nehmen müssen«, sagt sie. »Ich denke daher, dass der Schritt, die Eier direkt mit sich herumzutragen, in erster Linie eine evolutionäre Anpassung war, die häufigeres Fressen ermöglichte.« Nach und nach habe sich dann als zusätzlicher Schutz für die Keimlinge die Bruttasche der Männchen herausgebildet. »Wie es genau zur männlichen Schwangerschaft mit plazentaähnlichen Strukturen kam, ist noch immer nicht geklärt«, resümiert Roth. »Wir vermuten aber, dass der Verlust bestimmter, für das Immunsystem wichtiger Gene dazu beigetragen hat.«

Denn eine Sache ist besonders verwunderlich: Weshalb attackiert das körpereigene Immunsystem männlicher Seepferdchen die Embryonen während der Schwangerschaft nicht, obwohl in deren DNA neben der Erbinformation des werdenden Vaters selbst ja auch diejenige der Mutter gespeichert ist? Der Organismus des Männchens müsste das heranwachsende Leben also als fremd erkennen und versuchen, es etwa mit Antikörpern zu bekriegen, ähnlich wie einen Keim, der Krankheiten auslöst.

»Schwangerschaften sind aus biologischer Sicht generell kompliziert«, sagt Olivia Roth. »Im Grunde müssten Embryonen bei Säugetieren wie dem Menschen ja auch vom mütterlichen Immunsystem abgestoßen werden.« Warum also kommt dieser Mechanismus nicht zum Tragen? Das war die eigentliche Ausgangsfrage von Roth und ihren Kollegen vom GEOMAR in Kiel. Vielleicht lässt sich dieses Rätsel ja anhand eines Spezialfalls lösen, dachten sie sich: anhand der Männerschwangerschaft bei Seepferdchen. Denn bei der männlichen Schwangerschaft muss das Immunsystem gleichsam so verändert sein, dass die Väter sich »mütterlich« verhalten können.

»Wir haben herausgefunden, dass sich im Lauf der Evolution der männlichen Schwangerschaft diejenigen Teile des Immunsystems stark verändert haben, die für die Unterscheidung von ›eigen‹ und ›fremd‹ entscheidend sind«, fasst die Evolutionsökologin die Ergebnisse zusammen. Man kann offensichtlich also nur Embryonen austragen, wenn das eigene Immunsystem das Gefühl für Mein und Dein bis zu einem gewissen Grad verliert oder aufgibt. Bei weiblichen Säugetieren bleibt das körpereigene Abwehrsystem auch während der Trächtigkeit vollständig erhalten, zeigten andere Studien. Seine Aktivität wird im entsprechenden Bereich aber vorübergehend heruntergefahren. Die Seepferdchen haben einen radikaleren Weg gewählt, um eine Abstoßung zu umgehen, konnten Roth und ihre Kollegen nun nachweisen. Bei diesen Fischen wurde ein Teil des Immunsystems vollständig ausgeknockt: Gene, die für die Produktion des sogenannten Haupthistokompatibilitätskomplexes II (MHC II) verantwortlich sind, haben sich im Lauf der Evolution so stark verändert, dass sie nicht mehr funktionsfähig sind. Und genau mithilfe dieser Proteine unterscheidet der Körper normalerweise zwischen »eigen« und »fremd«, um Gewebe der letzteren Kategorie zu bekämpfen. Beim Menschen sind MHC-II-Proteine zum Beispiel auch bei Abstoßungsreaktionen nach Organtransplantationen aktiv. »Vermutlich ermöglichte es also erst der Verlust von MHC II den männlichen Seepferdchen, die Eier in ihren Körper aufzunehmen und dort zu versorgen«, sagt Olivia Roth.

Überraschend war diese Entdeckung vor allem, weil gerade die MHC-II-Proteine lange als unverzichtbar für die Evolution der Wirbeltiere (Vertebraten) galten. Ermöglichen sie doch ein besonders wandlungsfähiges, den aktuellen Gegebenheiten angepasstes Immunsystem. »Ohne die entsprechenden Gene und ihre Funktion galt höher entwickeltes Leben schlicht als unmöglich«, so Roth. Denn ohne solchen Schutz, glaubte man, würden komplexe Organismen schnell durch Infektionen dahingerafft. Nun rätseln die Forscher, wie Seepferdchen und andere *Syngnathidae* auch ohne MHC-II-Proteine ausreichend wehrfähig bleiben. Denkbar ist etwa, dass bei solchen Fischen ein anderer Teil des Immunsystems dafür effizienter als üblich arbeitet.

Besonders spannend: Die verloren gegangenen Gene im körpereigenen Abwehrsystem der Seepferdchen sind es, die beim Menschen bei der Immunschwächekrankheit AIDS durch das HI-Virus attackiert werden. Die Rosse der See, die offensichtlich auch ohne diese Funktionen überlebensfähig sind, könnten daher ein wichtiges Modellsystem für die Erforschung von Immunsystemdefiziten und möglichen Therapien dagegen werden – eines Tages vielleicht auch zur Entwicklung neuer Medikamente gegen AIDS. Gut möglich also, dass Seepferdchen für die Weiterentwicklung der Heilkunst auch in der westlichen Welt zu einem Segen werden. Wenn auch auf völlig andere Weise, als es sich die rund 1,5 Milliarden Anhänger der Traditionellen Chinesischen Medizin (TCM) ausmalen (vgl. Kapitel 15).

Was aber bringt den Seepferdchen selbst der Rollentausch zwischen den Geschlechtern? Worin besteht der biologische Vorteil der Männerschwangerschaft? Manche Wissenschaftler vermuten, dass dieses System kürzere Geburtsintervalle ermöglicht und dadurch mehr Nachkommen zur Welt kommen. Denn die Produktion der Eier erfordert bei Seepferdchen große körperliche Anstrengung. Und weil die Männchen den Nachwuchs austragen, haben die Weibchen mehr Kraft und Zeit, um für sich die besten Jagdgründe zu suchen, ausgiebig zu futtern – und besonders hochwertige Eizellen zu produzieren.

In der Regel dauert die Schwangerschaft bei Seepferdchen zwei bis vier Wochen. Für die werdenden Väter ist diese Phase sehr strapaziös. Bei den Zwergseepferdchen (*H. zosterae*) beispielsweise steigt die Stoffwechselrate der Hengste während der Trächtigkeit um bis zu 52 Prozent an. Zum Vergleich: Beim *Homo sapiens* ist dieser Grundumsatz des Körpers selbst bei hochschwangeren Frauen, die nur noch keuchend die Treppe hochkommen, lediglich um etwa 20 Prozent erhöht.

Lange Zeit über bewegen sich werdende Väter im Reich der Seepferdchen kaum mehr von der Stelle. Doch bei aller Trägheit und allen Strapazen treffen sich Hengst und Stute frühmorgens weiterhin täglich zu einem kurzen gemeinsamen Tanz. Naht schließlich der große Moment, ist der Bauch des Vatertiers aufgebläht wie ein Ballon.

Das Weibchen produziert während der Schwangerschaft des Gatten bereits die nächsten Eier. Es braucht dafür etwa genauso lange, wie das Austragen der Embryonen dauert. So können die Hengste der See bei der nächsten Paarung sofort wieder schwanger werden. Insbesondere Seepferdchenarten aus warmen Meeren, wie etwa die bis zu 35 Zentimeter großen Dickbauchseepferdchen (*H. abdominalis*), sind das ganze Jahr über fruchtbar. Da erübrigt sich die beim *Homo sapiens* oft so explosive Frage »Kinder oder Karriere?«. Die Hengste der Meere sind in erster Linie Gebärmaschinen.

Mehr als tausend Miniseepferdchen wollen sich bei manchen Arten gegen Ende der Schwangerschaft aus der Bauchtasche frei zappeln. Unruhig schwimmen sie im Fruchtwasser umher und kitzeln dem Schwangeren von innen den Bauch. Dann, meist eines Nachts, setzen die Wehen ein. Genau wie beim Menschen werden sie durch das Hormon Oxytocin ausgelöst. Der Bauch des Hengstes der Meere krampft sich dabei konvulsiv zusammen. In einer Art Klappmesserbewegung zieht er seinen ausgestreckten Greifschwanz immer wieder in Richtung Bauch, um die Babys herauszupressen. Die weit ausgreifenden Schwanzbewegungen während der Geburt ähneln denjenigen beim Vorspiel zur Paarung einige Wochen zuvor. Die Geburt kann wenige Minuten dauern. In Einzelfällen zieht sie sich aber auch über bis zu drei Tage hin. Die Gründe für die großen Unterschiede sind noch unklar.

Zwischen den Phasen der Anstrengung halten die Hengste der See manchmal kurz inne und scheinen gleichsam nach Luft zu schnappen, keuchend und mit pulsierenden Kiemen. Forscher vermuten, dass die Geburt für die Männchen schmerzhaft ist. PDA und Kaiserschnitt sind der menschlichen Zivilisation vorbehalten. Doch auch Seepferdchen nutzen mitunter Hilfsmittel: Der Theologe Samuel Lockwood beschrieb bereits 1867 im Fachblatt *The American Naturalist*, wie ein schwangerer Hengst der Meere bei einer Muschel Unterstützung suchte. Diese »leistete wahre Hilfe bei der Arbeit, die Jungen herauszudrücken«, schreibt Lockwood. »Das Seepferdchen zog sich nach unten und gegen die Muschelschale, wodurch der Beutel nach oben gedrückt wurde, und auf diese effektive Weise wurden die Leibesfrüchte herausgepresst.«

Am Ende werden in multiplen Ejakulationen oft ganze Wolken von filigranen, durchsichtigen Jungtieren aus dem väterlichen

Brutbeutel ins Meer hinausgeschleudert: riesige Herden von Miniseepferdchen. Die durchschnittliche Wurfgröße liegt bei hundert bis dreihundert Babys. Doch die Unterschiede sind von Art zu Art gewaltig: Bei den Pazifik-Seepferdchen (*H. ingens*) kommen bei einer einzigen Geburt bis zu zweitausend Seefohlen zur Welt, bei den Zwergseepferdchen (*H. zosterae*) hingegen »nur« etwa zehn.

Zwar haben die Babys, im Verhältnis zu ihren zarten Körpern, zu große Köpfe. Abgesehen davon aber sehen viele wie Miniaturausgaben ihrer Eltern aus. Doch keine Regel ohne Ausnahme: Bei einigen wenigen Seepferdchenarten unterscheiden sich die Jungtiere äußerlich so stark von Mama und Papa, dass selbst Meeresbiologen mitunter nicht erkennen, dass sie derselben Spezies angehören. Neugeborene Dickbauchseepferdchen (*H. abdominalis*) schwimmen zudem, anders als ihre Eltern, sogar noch in waagrechter Haltung – wie Seenadeln.

Und der stolze Vater? Für ihn gibt es keine Elternzeit, weder im Meer noch im Aquarium. Kaum sind die Strapazen der Geburt überstanden, kommt die Partnerin oft wieder angeschwommen, und die nächste Begattung steht an. Manche Väter sind bereits innerhalb weniger Stunden wieder schwanger. Die Paparolle ist bei den Rossen der Meere ein Hochleistungsjob.

10. Wann ist ein Mann ein Mann?

Seepferdchen & Emanzipation

»Statt XX seid ihr XY – bitte macht was draus!«
Lassie Singers, »Männliche Mitmenschen«

Jean Painlevé aus Paris war nicht nur ein Pionier des Unterwasserfilms, sondern auch ein Vorkämpfer des Feminismus. Seinen erfolgreichsten Film drehte er 1934 – über Seepferdchen. Bei diesem Werk namens *L'hippocampe ou cheval marin* war ihm, so sagte er selbst, »die Balance zwischen männlich und weiblich« ein zentrales Anliegen. Painlevé plädierte bereits Mitte der 1930er-Jahre – Alice Schwarzer war noch nicht einmal geboren – für ein neues Männerbild: »All jenen«, wandte er sich, auf das gute Beispiel der Seepferdchen verweisend, an die Frauen dieser Welt, »die sich nach jemandem ohne den üblichen Egoismus sehnen, ist dieses Symbol der Zuverlässigkeit gewidmet, welches die maskulinsten Mühen mit der femininsten Brutpflege in sich vereint.«

Die Hauptdarsteller seines Seepferdchenfilms waren männlich: Es handelte sich um schwangere Hengste. Vor den Dreharbeiten waren sie in rostigen Metalleimern von der Küste ins Studio nach Paris geliefert worden. Den Zeitpunkt der Geburt, als besondere Attraktion des Films eingeplant, verpasste Painlevé mehrfach mit der Kamera. Erst als er sich eine kuriose Vorrichtung bastelte, die ihn mit einem leichten Elektroschock aufweckte, sobald er eindöste, gelang es ihm endlich, auf Zelluloid zu bannen, wie ein Hengst der Meere seine Seefohlen zur Welt brachte.

An der Atlantikküste drehten Jean Painlevé und sein Team später auch in freier Natur. Es entstand ein kompakter, vierzehn Minuten langer Schwarz-Weiß-Film über den Alltag der Seepferdchen, inklusive Geburt. »Es war nett, die Schönheit der Unterwasserwelt verführerisch«, so das Fazit des Dokumentarfilmers am Ende der Dreharbeiten. Doch es sei auch ein Leichtes, »in den Tiefen des Wassers sich selbst zu verlieren«. Und in der Tat: Während des Drehs wäre Painlevé einmal beinahe im Meer erstickt. Der Luftschlauch für die Sauerstoffversorgung hatte sich verheddert.

Besonders aus feministischer Sicht ist *L'hippocampe ou cheval marin* interessant: Denn es sei darin »eben auch nicht zu übersehen«, schrieb der Berliner Wissenschaftsjournalist Cord Riechelmann unlängst in der *Frankfurter Allgemeinen Sonntagszeitung* in einer Hommage an diesen Film, »dass das Liebesspiel der Seepferdchen ohne jede Dominanz des einen Geschlechts über das andere auskommt«. So sei es zum Beispiel völlig gleichgültig, ob das Männchen oder das Weibchen das tagelang dauernde »Karussellschwimmen« beginne, »in dessen Verlauf die beiden sich, immer wieder umeinander kreisend, so weit an die Wasseroberfläche bewegen, bis die Krönchen aus dem Wasser ragen«. Und schließlich der Höhepunkt, bei dem das Weibchen das Männchen gleichsam penetriert. Die Emanzipation scheine bei diesen Tierchen also schon lange vor der Schwangerschaft zu beginnen, so Riechelmann.

Jean Painlevé zeigte das Liebesspiel der Seepferdchen so anschaulich, dass sein Tierfilm unter Pornografie-Verdacht fiel und es zu Zensurforderungen kam. Als der Streifen schließlich doch gezeigt werden durfte, löste er prompt eine heftige Kontroverse über die traditionellen Geschlechterrollen beim Menschen aus und ging als ein Symbol für die weibliche Emanzipation in die Kulturgeschichte ein.

Im Gegensatz zu manchen anderen Projekten Painlevés spielte *L'hippocampe ou cheval marin* die Produktionskosten wieder ein.

Und im Anschluss brachte der Meeresliebhaber zudem eine Seepferdchen-Schmuckkollektion auf den Markt: Armreifen, Broschen und Ohrringe, die seine Arbeits- und Lebenspartnerin, Geneviève Hamon, entworfen hatte, wurden unter dem Label »JHP« – das Kürzel für »Jean Hippocampe Painlevé« – verkauft. Doch bei aller Begeisterungsfähigkeit und Kreativität waren Painlevé und Hamon keine guten Geschäftsleute. Viel zu schnell gaben sie die Leitung ihrer frisch gegründeten Schmuckfirma aus den Händen – und andere machten das große Geld. Wir lernen: Seepferdchen können zu Emanzipation und Kunst inspirieren. Doch nicht immer bringen sie ihren Fans nachhaltig Glück.

Immerhin aber: Für Feministinnen und Feministen sind die Rosse der Meere bis heute ein gefundenes Fressen. Und die Männerschwangerschaft bei diesen Tieren, die bereits Jean Painlevé so faszinierte, dient noch immer als Steilvorlage, um traditionelle Geschlechterrollen auch beim *Homo sapiens* infrage zu stellen. Ganz grundsätzlich.

»Ich denke, dass wir größtenteils zu einer Geschlechtsidentität gezwungen werden«, schreibt etwa die berühmte US-amerikanische Philosophin und Gender-Theoretikerin Judith Butler. »Es kann gut sein, dass es immer schwieriger wird, die exakte Trennlinie zwischen männlich und weiblich zu ziehen.« Vielleicht dachte sie dabei ja auch an die Seepferdchen? Denn wenn die Stuten der Meere ihre Eier beim Liebesspiel mithilfe einer penisähnlichen Legeröhre in die männliche Bauchtasche spritzen und es die Hengste sind, die die Babys nach wochenlanger Schwangerschaft schließlich unter wehenartigen Krämpfen ans Licht der Welt pressen, ist das nicht der schlagende Beweis dafür, dass traditionelle biologistische Theorien, mit denen etwa sogenannte Evolutionspsychologen seit Jahr und Tag die etablierten Geschlechterrollen in der menschlichen Gesellschaft zu untermauern versuchen – nach dem Motto: »Bei Tieren gehen doch auch die Männchen auf die Jagd, und die Weibchen kümmern sich um die Kinder. Das ist also nur natürlich!« –, Humbug sind?

Die feministische Ethnologin Susanne Schmitt jedenfalls, ehemalige Geschäftsführerin des Forschungsverbunds ForGenderCare aus Bayern, schreibt: »Was Seepferdchen in der Schwangerschaft erleben und tun, steht im Widerspruch zu zeitgenössischen Zeugungstheorien: Die Männchen erledigen das, was allgemein als Weiblichkeitsmarker par excellence gilt – sie tragen die bis zu zweitausend heranwachsenden Jungseepferdchen im eigenen Leib und gebären sie, so liest man, unter krampfartigen Schmerzen, gerne als Wehen bezeichnet. Während der Schwangerschaft wird der väterliche (von der Logik und Nomenklatur der westeuropäischen Kernfamilie wird in der Berichterstattung eher nicht abgewichen) Unterleib gemäß zeitgenössischen Schwangerschaftsrhetoriken zum uterinen Versorgungsumfeld, das optimale Lebens- und Reifebedingungen möglich macht, nährstoffreich und kuschelig ist und den Nachwuchs an das Immunsystem des Elterntieres ankoppelt.« Und: »Wenig überraschend haben die Seepferdchen [...] mit ihrer empirisch unorthodoxen Art der Fortpflanzung einen gewissen ikonischen Status in queer/feministischen Kreisen gewonnen.« Schmitt begrüßt zudem die »rhetorische Anschlussfähigkeit an aktuelle Entwürfe und Diskurse« der Rosse der Meere – zum Beispiel an den Diskurs über die »neuen Väter«.

Es ist ein Diskurs, über den man sich leicht lustig machen kann. »Der Trend geht zum mütterlichen Mann«, spottete der Wissenschaftsjournalist Michael Miersch bereits vor zwanzig Jahren in einem Essay in der Zeitschrift *mare*: »Neue Väter gehören zu den beliebtesten Medienhelden, und Werber zeigen am liebsten nette Papis, die mit den lieben Kleinen in der Badewanne plantschen. Draußen in der Welt auf die Jagd gehen und am Monatsende einen Scheck nach Hause bringen – für viele eine überholte Lebenshaltung. Avantgardisten unter den neuen Vätern kriegen sogar Wochenbettsymptome. Sie entwickeln eine Art Scheinschwangerschaft, die – parallel zu derjenigen der Partnerin – mit Appetitlosigkeit, Müdigkeit und anderen Beschwerden einhergeht. In Selbsterfahrungskursen werden bereits Schwangerschaftsprothesen eingesetzt: umschnallbare, warme Wassersäcke, in denen ein Pendel für fötale Bewegungen sorgt.« Miersch diagnostizierte also bereits um die Jahrtausendwende ein grassierendes Seepferdchen-Syndrom beim männlichen *Homo sapiens*.

Doch trifft seine Analyse zu? Und wäre das schlimm? Offensichtlich ist: Zumindest in den urbanen Regionen Deutschlands, der Schweiz und Österreichs sind heute deutlich mehr Väter mit ihren Kleinkindern unterwegs als noch zur Zeit meiner Kindheit. Vielleicht ist das letztlich der Punkt, an dem die 68er-Bewegung am meisten verändert hat: Papas spielen öfter mit ihren Babys und Kindern als in den 1950er-Jahren. Es gibt sinnlosere Beschäftigungen. Und auch wenn man Hausmänner beim besten Willen wenig sexy findet: Wahrscheinlich sollten sich Männer der Art *Homo sapiens* ruhig noch mehr von den Seepferdchen abgucken.

Vereinzelte Herren der Schöpfung nehmen sich diese besonderen Fische inzwischen sogar voll und ganz zum Vorbild – und lassen das von Miersch belächelte Phänomen der Scheinschwangerschaft dabei weit hinter sich. 2019 sorgte eine Debatte in England für mediale Aufmerksamkeit: Der Multimedia-Journalist Freddy McConnell, 32, aus der englischen Grafschaft Kent wollte sich nach der Geburt seines Sohnes als Vater in die Geburtsurkunde eintragen lassen. Doch das wurde ihm gerichtlich verweigert. Der Grund: McConnell hatte das Kind selbst ausgetragen und geboren.

McConnell gehört zu den wenigen trans*Männern, die ein Kind zur Welt gebracht haben. Manche von ihnen bezeichnen sich selbst augenzwinkernd als »Seepferdchen«. So auch Freddy McConnell, der seine Schwangerschaftserfahrungen in einem

Film mit dem Titel *Seahorse* dokumentiert hat. Wie viele trans*-Schwangerschaften es weltweit bereits gab und gibt, ist statistisch nicht genau erfasst. Zurzeit ist die Zahl wohl noch niedrig. Ein Grund dafür besteht darin, dass geschlechtsangleichende Operationen in vielen Ländern bis heute Voraussetzung für die rechtliche Personenstandsänderung sind – also dafür, sich etwa statt als Frau als Mann in offizielle Dokumente eintragen zu lassen. Die damit zwingend einhergehende Sterilisierung machte es trans*Männern unmöglich, Kinder auszutragen. Doch in Deutschland ist die Sterilisierung seit 2011 keine Voraussetzung mehr für Änderungen des Personenstands. Durchaus möglich also, dass die Zahl der Männer, die Babys austragen – der »Seepferdchen« –, hierzulande bald auch in der menschlichen Gesellschaft zunehmen wird.

Doch bei aller Liebe zu den Seepferdchen: Wie vorbildlich und progressiv geht es im Alltag der realen Rosse der Meere tatsächlich zu? Fest steht, dass die Männchen bei der Geburt einen erstklassigen Job machen, gute Tänzer sind und sich liebevoll um ihre Partnerin bemühen. Abgesehen davon aber scheint es zweifelhaft, ob sie sich als Rollenbild für eine neue, sensiblere Form von Maskulinität eignen, wie sie nicht nur viele Genderforscherinnen herbeisehnen: Bei Weitem nicht alle männlichen Seepferdchen sind Softies. Trotz umgekehrter Rollenverteilung bei der Reproduktion sind es bei den Rossen der Meere zum Beispiel die Hengste, die sich im Kampf um die Gunst der Weibchen gegenseitig die Köpfe einschlagen. Die Stuten dagegen warten vornehm ab und klimpern mit den nicht vorhandenen Wimpern. Bei den in Australien beheimateten Kurzkopf-Seepferdchen (*H. breviceps*) veranstalten die Männchen regelrechte Boxturniere, um Weibchen zu beeindrucken.

»Die Weibchen neigen dazu, passiv miteinander zu konkurrieren, wobei jedes versucht, das andere zu übertrumpfen und als Erstes ein Männchen anzulocken, indem sie die Intensität ihrer

Balzaktivitäten erhöhen«, schreibt der US-amerikanische Wissenschaftsjournalist und Seepferdchen-Experte Peter Giwojna. Die Männchen dagegen hacken mit der Schnauze nach Rivalen und liefern sich mit den Greifschwänzen Raufereien. Nicht selten würden Hengste der Meere Konkurrenten harte Schläge versetzen, so Giwojna, »zum Beispiel aufs Auge oder gegen die Kiemen«. Die Wucht eines solchen Schnappschlags könne den Empfänger ins Taumeln bringen. Kurzum: »Die Weibchen neigen dazu, auf die Anwesenheit von Rivalinnen zu reagieren, indem sie kokett werden, während die Männchen aggressiv gegen ihre Rivalen kämpfen«, so Giwojna. Und in der Welt der Seepferdchen seien »die Jungs immer noch hinter den Mädels her und nicht umgekehrt«, obwohl es ja die »Jungs« seien, die schwanger würden.

Als Jean Painlevés Kultfilm *L'hippocampe ou cheval marin* entstand, war darüber noch kaum etwas bekannt. Wahrscheinlich würde sich der Seepferdchenliebhaber, Künstler und Feminist aus Paris, der 1989 starb, angesichts der neueren Erkenntnisse zum Verhalten dieser Fische im Grab umdrehen.

11. Im Dschungel der Taxonomie

Wie viele Seepferdchenarten gibt es?

»Man gave names to all the animals [...]
in the beginning, long time ago.«
Bob Dylan, »Man Gave Names to All the Animals«

Manchmal ist Naivität ein Segen: Als der britische Mediziner John White 1790 voll Stolz das Bild eines Seepferdchens in einer Zeitschrift veröffentlichte, schien ihm im Zusammenhang mit diesen Wesen alles noch ganz einfach zu sein. »Da dieses Tier, wie der Fliegende Fisch, ja allgemein bekannt ist, ist eine Beschreibung nicht nötig«, notierte er unter der Zeichnung: Es handle sich um die längst bekannte Art *Syngnathus hippocampus*.

Hätte Dr. White auch nur geahnt, wie komplex die Artenbestimmung (Taxonomie) bei den Rossen der Meere eines Tages werden würde, wäre er beim Publizieren der Zeichnung wahrscheinlich vorsichtiger gewesen. Durch seine Blauäugigkeit aber erreichte er, dass die von ihm »neu entdeckte« Seepferdchenart 1855 nach ihm benannt wurde – und bis heute Whites Seepferdchen (*H. whitei*) heißt.

Inzwischen geraten sich bei der Artenbestimmung von Seepferdchen selbst Spezialisten in die Haare. Manche gehen davon aus, dass es gut vierzig unterschiedliche Arten der Rosse der Meere gibt. Andere behaupten, die Gattung umfasse sogar mehr als doppelt so viele Spezies. Einigen können die Experten sich bisher nur so weit: Seepferdchen sind Echte Knochenfische (*Teleostei*), wie etwa auch Thunfische, Barsche oder Heringe. Und sie gehören zur Familie der *Syngnathidae*, von griechisch *syn* für »mit« oder »zusammen« und *gnathos* für Kiefer. Innerhalb dieser Familie von Fischen mit langen Schnauzen gibt es rund 230 Arten. Die meisten *Syngnathida*e sind sogenannte Seenadeln. Diese Tiere schwimmen in horizontaler Haltung und sehen wie in die Länge gezogene Seepferdchen aus. Auch die seltenen Zwerg-Nadelpferdchen – eine Art Mittelding zwischen Seepferdchen und Seenadeln (vgl. Kapitel 3) – gehören zur Familie: Sie wirken wie winzige, ausgemergelte Rosse der See, die ebenfalls gelernt haben, der Länge nach ausgestreckt, in horizontaler Haltung zu schwimmen. Die wohl ausgefallensten Familienmitglieder schließlich sind die Fetzenfische: Sie sehen aus, als hätten Seepferdchen schrille Karnevalskostüme mit wilden Fransen angelegt, verziert mit grünen Bändern etwa oder mit gelben Punkten und blauen Streifen.

Schon die Artenbestimmung bei den Rossen der Meere selbst hat es in sich. Im Detail sind diese ungewöhnlichen Fische nämlich sehr verschieden, können aber dennoch leicht miteinander verwechselt werden: ein kurioser Widerspruch, typisch Seepferdchen eben.

Kein Geringerer als der schwedische Naturforscher Carl von Linné, der im 18. Jahrhundert das Fundament für die moderne biologische Artenbestimmung legte, war es auch, der 1758 als Erster einem Ross der Meere einen einprägsamen wissenschaftlichen Namen gab. Neben unzähligen anderen Spezies aus der Welt der Pflanzen und Tiere erfasste er in seinem Verzeichnis die Seepferdchenart *Hippocampus hippocampus*. Diesen lateinischen Namen trägt die Spezies bis heute, im Volksmund wird sie auch (europäisches) Kurzschnäuziges Seepferdchen genannt. Vor Linnés Pionierarbeit waren bei der Artenbestimmung grässliche Zungenbrecher die Regel: *Physalis amno ramosissime ramis angulosis glabris foliis dentoserratis* lautete zum Beispiel der wissenschaftliche

Name eines krautigen Gewächses mit kugelförmigen Beeren, das heute als Lampionblume (*Physalis angulata*) bekannt ist. Linnés cleveres System benötigt immer nur zwei Bezeichnungen: Die erste legt die Gattung fest, die zweite benennt die konkrete Spezies. Im Fall von Seepferdchen steht an erster Stelle jeweils *Hippocampus* (abgekürzt *H.*) für die Gattung und dahinter etwa *abdominalis, guttulatus* – oder eben auch *hippocampus* als Bezeichnung der Spezies.

Bei all seinen Verdiensten war Carl von Linné nicht unfehlbar: Die Gattung Seepferdchen schlug er zum Beispiel nicht den Fischen, sondern den Amphibien zu. Sein einfaches, klares Taxonomiesystem aber befeuerte die Neugier und den Fleiß von Naturliebhaberinnen und Sammelwütigen. Wissenschaftlerinnen und Laien importierten unter anderem getrocknete Exemplare Dutzender »neuer« Seepferdchenarten aus aller Welt nach Europa.

Der wohl eifrigste Seepferdchenjäger jener Zeit war der niederländische Mediziner Pieter Bleeker. 1841, im Alter von zweiundzwanzig Jahren, heuerte er als Militärarzt bei der niederländischen Kolonialarmee in Indonesien an. Stationiert in Batavia, dem heutigen Jakarta, verbrachte er jede freie Minute in der Natur oder auf lokalen Fischmärkten. Viele Tiere, die ihm aus Europa nicht bekannt waren, legte Bleeker zur Konservierung in Rum ein. Ohne Zugriff auf Fachliteratur sammelte er allein rund zwölftausend unterschiedliche Flossentiere. Fast zweitausend waren bisher unbekannte Spezies, darunter acht neue Seepferdchenarten.

Bleeker war kein Einzelfall: Mehr als hundert unterschiedliche Arten von Seepferdchen entdeckten Forscher und Naturliebhaber allein im 19. Jahrhundert: Manche der damals gesichteten Rosse der Meere haben besonders lange, schlanke Schnauzen, andere bleiche Sattel auf dem Rücken. Seepferdchen aus Nordeuropa wurden aufgrund ihrer langen, struppigen Mähnen als »besonders pferdeartig« beschrieben. In der Mittelmeerregion, im Sueskanal und im Roten Meer stießen Tierfreunde unter anderem auf blasse Seepferdchen mit glatter Oberfläche. In Südostasien wiederum und rund um pazifische Inseln wurden sowohl Rosse der See mit langen Stacheln gesichtet als auch Individuen, die wie Zebras gestreift waren, rosa und knubbelig oder mit roten Flammen verziert. Die Begeisterung für den Farben- und Formenreichtum dieser besonderen Fische erfasste so viele Menschen, dass Biologen vom »Jahrhundert der Seepferdchen« sprachen.

Ganz so groß, wie die Seepferdchenfans damals glaubten, ist die Artenvielfalt in Wirklichkeit dann aber doch nicht. Bei vielen der »Neubeschreibungen« aus dem 19. Jahrhundert handelte es sich um einige wenige, längst bekannte Arten, die immer wieder »entdeckt« wurden, haben Experten um die renommierte Seepferdchen-Taxonomin Sara Lourie von der McGill University in Montreal inzwischen nachgewiesen. Doch den damaligen Forschern ist kein Vorwurf zu machen – denn die Rosse der Meere können Betrachter leicht in die Irre führen.

Im Jahr 2004 versuchten Mitarbeiter der internationalen Meeresschutzorganisation Project Seahorse (vgl. Kapitel 18–20) erstmals, das Chaos bei der Klassifizierung der Seepferdchen zu ordnen und Fehler zu berichtigen. Sara Lourie, damals Biologie-Doktorandin in Montreal, machte sich daran, die mehr als hundert in Fachbüchern verzeichneten Arten der Rosse der Meere kritisch zu überprüfen. Am Ende blieben gerade mal dreiunddreißig gültige Arten übrig. Doch seither hat sich wieder viel getan bei der Seepferdchen-Taxonomie – und die Artenvielfalt steigt wieder.

In diesem Forschungsfeld braucht man einen besonders langen Atem. Einen Gorilla von einem Orang-Utan zu unterscheiden, fällt selbst Laien nicht schwer. Und jedes gestreifte Pferd an Land ist ein Zebra. »Viele Seepferdchenarten aber lassen sich nur mit Spezialkenntnissen gegeneinander abgrenzen«, sagt Sara Lourie. Denn fast alle diese Tiere haben einen ähnlichen Körperbau, und manche Spezies gleichen einander wie ein Ei dem anderen. Zumindest manchmal.

2006 wurde vor der Südküste Englands zum Beispiel ein grellorange leuchtendes Seepferdchen gesichtet. Laien und Experten freuten sich gleichermaßen über diese faszinierende neue Art. Aber Fehlanzeige. Wissenschaftliche Untersuchungen ergaben schließlich, dass es sich in Wirklichkeit um ein Individuum der seit 1829 bekannten Spezies europäisches Langschnäuziges Seepferdchen (*H. guttulatus*) handelte, das nur seine Farbe verändert hatte. Wahrscheinlich hatte das Tierchen sich zur Tarnung vor Fressfeinden farblich an eine orangefarbene Boje angeglichen, die in der Nähe auf den Meeresgrund gesunken war. Die meisten Rosse der Meere können ihre Farben chamäleongleich verändern. Und auch als Ventil für Emotionen scheint die Färbung ihres Körpers zu dienen: »Ein orange-gelbes Seepferdchen zum Beispiel kann fast jede Art sein, die sich, im Moment, in dem man sie sichtet, gerade in einer orange-gelben Stimmung befindet«, bringt es die britische Meeresbiologin Helen Scales auf den Punkt.

Wie viele unterschiedliche Arten gibt es also wirklich innerhalb der Gattung Seepferdchen? »Insgesamt sind es weit über achtzig, wahrscheinlich sogar gegen hundert«, ist der Unterwasserfotograf und Fisch-Taxonom Rudie H. Kuiter aus Melbourne überzeugt. »Mehr als dreißig Seepferdchenarten leben allein in Australien.« Sara Lourie aus Montreal dagegen, die wohl einflussreichste und strengste Seepferdchen-Taxonomin der Welt, erkennt weniger als fünfzig unterschiedliche Arten an. Kaum jemand ist in die Taxonomie der Seepferdchen ähnlich gut eingearbeitet wie Sara Lourie: Sie und ihre Kollegen haben die Fachliteratur durchforstet, mehr als zweitausend Seepferdchenexponate in achtundzwanzig Museen in sieben Ländern analysiert und aufwendige genetische Vergleichsstudien betrieben. »Bei der Identifizierung geht es darum, so lange mögliche Arten auszuschließen, bis sich herausstellt, dass die Merkmale eines Individuums nur einer einzigen Art entsprechen«, erklärt sie das Vorgehen. Hilfreich, um Arten voneinander abzugrenzen, seien etwa Muster wie Streifen, Sattel oder Balken auf der Haut. Zudem könne auch die Größe der Tiere Hinweise geben. Da man als Laie allerdings nur selten erkennen kann, ob es sich bei einem Seepferdchen um ein Jungtier oder ein bereits ausgewachsenes Individuum handelt, führt auch die Körperlänge oft in die Irre.

Das Habitat, in dem man einem Seepferdchen im Meer begegnet, kann aufschlussreich sein: Denn manche Arten wurden bisher ausschließlich in großen Wassertiefen aufgefunden, andere dagegen nur in seichtem Wasser, etwa in Mangrovengebieten. Besonders hilfreich sei das Zählen bestimmter Körpermerkmale der Rosse der Meere, empfiehlt Sara Lourie: etwa die Anzahl der knochigen Ringe, die um ihren Körper liegen, oder diejenige der Flossenstrahlen, die ihre Antriebs- und Steuerorgane wie ein feines Skelett stützen. Zudem müsse man aber auch die Länge der Schnauze vermessen und die Form der Krone analysieren. Und schließlich gelte es, die Genetik genau zu untersuchen. Ein sehr weites Feld also. So bizarr-faszinierend die Physiognomie der einzelnen Rosse der Meere anmute, sei der grobe Bauplan aller Arten innerhalb der Gattung Seepferdchen (*Hippocampus*) recht einheitlich, betont Sara Lourie: Ihr Körper ist von Knochenplatten bedeckt, die das Tier ringförmig umschließen. Dadurch wirkt der Leib fast aller Arten wie segmentiert. Die meisten Seepferdchen haben zudem elf Rumpf- und zwischen vierunddreißig und vierzig Schwanzringe. Diese ebenfalls knochigen Strukturen bilden die Verbindungen zwischen den Knochenplatten. Darüber hinaus sind für Seepferdchen fünfzehn bis neunzehn sogenannte Flossenstrahlen an den Rücken- und Brustflossen charakteristisch.

Im Detail aber gibt es eben doch Unterschiede, die den Taxonomen die Arbeit erleichtern: Stark aus der Reihe schwimmen zum Beispiel die Dickbauchseepferdchen (*H. abdominalis*), die nicht nur ein bis zwei Rumpfringe mehr aufweisen als die große Mehrheit aller Seepferdchenarten, sondern auch sensationelle fünfundvierzig bis achtundvierzig Schwanzringe und fünfundzwanzig bis neunundzwanzig Flossenstrahlen. Und geradezu unverwechselbar sind die seltenen Tasmanischen Zwergseepferdchen (*H. minotaur*) mit nur acht Rumpfringen sowie sieben bis elf Flossenstrahlen.

Als eine Untergruppe lassen sich die winzigen Pygmäen-Seepferdchen zusammenfassen, zu denen etwa die bekannten Bargibant-Seepferdchen (*H. bargibanti*) sowie die Denise-Zwergseepferdchen (*H. denise*) gehören. Die große Besonderheit dieser weniger als 2,5 Zentimeter großen Wesen: Bei den Pygmäen-Seepferdchen haben die Männchen keinen Brutbeutel. Sie tragen ihre Jungen vielmehr – wie weibliche Säugetiere – direkt in der Körperhöhle aus. Eine weitere Eigenart: Pygmäen-Seepferdchen haben nur eine einzige Kiemenöffnung, die mittig am Hinterkopf liegt. Zudem ist die Panzerung des Körpers bei dieser Untergruppe weniger stark ausgeprägt als bei den anderen Seepferdchen und ihr Aussehen besonders stark an eine Wirtskoralle, an Seegras oder Moostierchen angepasst.

Auch die meisten anderen Rosse der Meere sind hervorragend getarnt und in der Natur entsprechend schwer aufzustöbern. Dennoch lohnt es sich, beim Tauchen die Augen offen zu halten, betont die kanadische Taxonomie-Expertin Sara Lourie. Denn es sei gut möglich, dass sich im Meer noch immer die eine oder andere bisher unentdeckte Seepferdchenspezies herumtreibe.

Die Hobbytaucherin Denise Tackett aus dem US-Bundesstaat West Virginia etwa hat 1999 östlich von Borneo eine der kleinsten Seepferdchenarten der Welt entdeckt: Gemeinsam mit ihrem Mann Larry tauchte sie viele Jahre lang nach Schwämmen. Insgesamt machten die beiden mehr als sechstausend Tauchgänge. Ihr großer Traum war es, im Meer neue Wirkstoffe zu finden, zum Beispiel gegen Krebs. Weil Schwämme bei der Nahrungsaufnahme mitunter auch Krankheitserreger aus dem Wasser herausfiltern, müssen sie sich gegen diese nämlich mit Abwehrstoffen schützen. Dabei helfen ihnen nützliche Bakterien, die in den Schwammwänden hausen. Mehr als zweitausend medizinische Wirkstoffe haben Wissenschaftler bereits aus unterschiedlichen Schwämmen isoliert. Wieso also nicht auch ein Mittel gegen bösartige Tumore?

Oft tauchten die Tacketts in den Tropen. Denise Tackett hatte neben ihrer Begeisterung für Schwämme auch eine Schwäche für die winzigen Bargibant-Seepferdchen (*H. bargibanti*): eine Spezies mit besonders bizarrem Aussehen – knallpink oder orangefarben und mit seltsamen Warzen an Kopf und Rumpf und den Korallen, auf denen sie leben, täuschend ähnlich. Mit einer Körpergröße von knapp 2,5 Zentimetern galten diese Tiere lange als die kleinste Seepferdchenart der Welt. Nie erspähte Tackett ein Exemplar. Bis ihr eines Tages, östlich von Borneo, ein Taucherkollege erzählte, dass er auf bestimmten Gorgonien oft winzige Seepferdchen gesichtet habe. In der Folge untersuchte Denise Tackett jede dieser Fächerkorallen besonders genau – und stieß prompt auf erste Bargibant-Seepferdchen. Sie knipste unzählige Fotos. Bald wurde sie zu einer Expertin für kleine Seepferdchen.

Eines Tages dann tauchten Denise und Larry Tackett in Indonesien, östlich von Borneo, zu einem Schiffswrack hinab. Auf einer Fächerkoralle erblickte sie ein ungewöhnliches Ross der Meere. Es war kein Bargibant-Seepferdchen, erkannte Denise Tackett. Das Tierchen war noch kleiner und zarter als alle Seepferdchen, die sie bis dahin gesehen hatte. Zudem war es schlank, hatte nicht den typischen Kugelbauch der Bargibant-Seepferdchen. Und statt sich, wie jene Art, mit dem Greifschwanz an einen Ast der Wirtskoralle zu klammern und ruhig zu verhalten, zappelte dieses Ross der Meere wild umher, schwamm rauf und runter – und um die Fächerkoralle herum.

In der Folge sichtete Denise Tackett bei Gorgonien der Gattung *Muricella* weitere dieser geheimnisvollen Miniseepferdchen. Sogar eine Geburt von Seefohlen konnte sie unter Wasser beobachten. Längst war ihr klar: Es musste sich um eine Art handeln, die noch nicht wissenschaftlich beschrieben war! Doch damit eine neue Spezies ins Artenverzeichnis aufgenommen werden kann, braucht es Beweise. Tackett fing ein Pärchen der »neuen« Seepferdchen. In einem mit Meerwasser gefüllten Behälter wollte sie die Tierchen im Rucksack mit in die USA nehmen. Doch auf dem Rückflug ging ihr Gepäck verloren – samt den Seepferdchen. Auf einem weiteren Tauchgang in Sulawesi fing Denise Tackett wieder Individuen dieser Art ein, die schließlich zu Taxonomen am Bishop Museum in Hawaii gelangten.

Als die Taucherin in einem Hochglanzmagazin über ihre Entdeckung berichtete, meldete sich Amanda Vincent bei ihr, die berühmteste Seepferdchenforscherin der Welt. Aus erster Hand wollte die kanadische Meeresbiologin alles über Tacketts Entdeckung wissen und machte ihre Kollegin, die Seepferdchen-Taxonomin Sara Lourie von der McGill University in Montreal, auf die potenzielle neue Spezies aufmerksam. Lourie reiste höchstpersönlich nach Sulawesi, östlich von Borneo, um diese Tiere in freier Natur zu beobachten. Über Telefon und Internet tauschte sie sich mit den Experten in Hawaii aus – und 2003 war es schließlich so weit: Die Seepferdchenart, die nur etwa 2,1 Zentimeter groß wird, wurde offiziell als neue Spezies abgesegnet. Die Forscher tauften sie *H. denise* – nach ihrer Entdeckerin.

Dass das Denise-Zwergseepferdchen eine eigenständige Art ist, bezweifelt inzwischen niemand mehr. In den letzten zwanzig Jahren wurden aber noch zahlreiche weitere »neue« Spezies entdeckt – beziehungsweise mehr oder weniger dubiose Kandidaten für diesen Status.

»Die genetischen Unterschiede zwischen den Individuen einer Seepferdchenart betragen in der Regel weniger als zwei Prozent«, erklärt die Taxonomie-Expertin Sara Lourie aus Montreal. »Diejenigen zwischen Individuen unterschiedlicher Spezies innerhalb der Gattung dagegen in den meisten Fällen sieben bis 23 Prozent.« Das haben Untersuchungen unterschiedlicher Forscherteams gezeigt, und es hört sich nach klaren Verhältnissen an. In Wirklichkeit aber gibt es bei der Artenbestimmung bei diesen Tieren, trotz der Herkulesarbeit von Sara Lourie, Rudie H. Kuiter und zahlreichen weiteren Fachleuten, noch immer viele offene Fragen.

Unlängst überprüfte Lourie ganz genau, wie deutlich sich verschieden aussehende Seepferdchenarten – sogenannte unterschiedliche Morphotypen – auch auf genetischer Ebene voneinander abgrenzen lassen. An Hunderten von Gewebeproben aus den Flossen von Rossen der Meere isolierte sie einen DNA-Abschnitt namens Cytochrom b. Zu ihrer Freude zeigten sich zwischen sieben unterschiedlichen Morphotypen, die sie bei Seepferdchen ausgemacht hatte, auch in Bezug auf diesen DNA-Abschnitt Differenzen. Seepferdchen des gleichen Morphotyps (also mit sehr ähnlicher Statur) wiesen dagegen zu 99 Prozent deckungsgleiche Cytochrom-b-Gene auf. Die kanadische Taxonomin und ihre Kollegen sahen sich in ihren Annahmen bestätigt.

Als andere Forscher wenig später jedoch ähnliche Untersuchungen an Gewebeproben von Seepferdchen durchführten, die aus unterschiedlichen Meeren stammten, ergaben sich Widersprüche: Die Molekularbiologen fanden ein erstaunlich breites genetisches Spektrum zwischen Seepferdchen derselben Art, die einander zwar täuschend ähnlich sahen, aber in unterschiedlichen Erdteilen gefangen worden waren: Linienseepferdchen (*H. erectus*) aus der Karibik zum Beispiel hatten mit den völlig anders aussehenden Kurzschnäuzigen Seepferdchen (*H. hippocampus*) aus Europa genetisch sogar mehr gemeinsam als mit ihren Artgenossen aus Brasilien.

Die Genetik verhilft bei manchen Seepferdchenarten also offensichtlich zu größerer Trennschärfe – bei anderen aber scheint das pure Gegenteil der Fall zu sein. Zumindest vorerst wird also eine Kombination aus vielen verschiedenen Faktoren die einzige Möglichkeit bleiben, um die einzelnen Spezies der Rosse der Meere gegeneinander abzugrenzen: Das Aussehen muss dabei ebenso in Betracht gezogen werden wie das Verhalten bei der Balz und Besonderheiten in der DNA.

Doch ist es überhaupt wichtig, genau zu wissen, ob es sieben, 39 oder, sagen wir, 799 Seepferdchenarten gibt? »Ja«, sagt die britische Meeresbiologin Helen Scales. Die Anzahl der Arten innerhalb eines Ökosystems zu kennen und zu lernen, wie diese miteinander interagieren, sei für Wissenschaftler enorm aufschlussreich. »Denn durch das Verfolgen unterschiedlicher Arten und ihrer Populationsgrößen können wir beurteilen, wie sich Ökosysteme verändern und wie widerstandsfähig oder instabil diese sind.«

In den letzten Jahren hat die renommierte kanadische Taxonomie-Expertin Sara Lourie zwei Arten von Seepferdchen neu anerkannt. Beide gehören zu den besonders kleinen Pygmäen-Seepferdchen: Die Schnauze des einen Newcomers sieht mit etwas Fantasie derjenigen eines Ferkels ähnlich. Daher hat ein internationales Forscherteam die Art *Hippocampus japapigu* getauft – *japapigu* lautet der lateinische Name für »Japan-Schwein«. Scheu sind diese seltsamen Seepferdchen keineswegs und auch nicht besonders selten. Dass sie erst so spät entdeckt wurden, liegt wohl vor allem daran, dass sie mit nur 1,5 Zentimetern Länge winzig klein sind. Außerdem können diese Seepferdchen durch ihre Färbung leicht mit Seetang verwechselt werden. 2018 aber haben Fischkundler der California Academy of Sciences diese Tiere in einem wissenschaftlichen Artikel beschrieben. Allzu viel wussten sie allerdings noch nicht über ihre neuen Schützlinge zu berichten. Die bisherigen Nachforschungen hatten lediglich ergeben, dass Japan-Schwein-Seepferdchen in Weichkorallen oder Algenriffen in einer Meerestiefe von bis zu 22 Metern leben, sich von Zooplankton ernähren und ziemlich verspielt sind.

Darüber hinaus wurde unlängst auch die den *H. japapigu* sehr ähnliche Art *H. nalu* aus Südafrika neu ins Verzeichnis der Rosse der Meere aufgenommen. »Wir können zu diesem Zeitpunkt also von vierundvierzig unterschiedlichen Seepferdchenarten ausgehen«, sagt Sara Lourie. Ob es ein Zufall ist, dass es sich bei dieser Zahl um eine Schnapszahl handelt? Es passt jedenfalls gut zur Einschätzung des Meeresbiologen und Seepferdchen-Experten Jorge Gomezjurado aus Baltimore, dass der Herrgott vor der Erschaffung der *crazy horses* der Meere wahrscheinlich einen über den Durst getrunken habe.

12. Von Riesen und Zwergen
Die coolsten Rosse der See

»Jeder Jeck is anders.«
Kölsches Sprichwort

Die Tarnungs-Weltmeister

1969, im Jahr der Mondlandung, wurde auch das erste BARGIBANT-SEEPFERDCHEN (*H. bargibanti*) gesichtet. Krampfhaft hielt sich das winzige Tierchen an einer Weichkoralle fest, die der neukaledonische Meeresbiologe Georges Bargibant – nach dem diese Seepferdchenart später benannt werden sollte – aus dem Wasser gefischt hatte, um sie in sein Aquarium zu verfrachten. Erst dort bemerkte er das Seepferdchen überhaupt. Kein Wunder: Denn der graue Körper dieser Winzlinge ist mit leuchtend pinken oder gelb-orangen Furunkeln gespickt – die den Knospen ihrer jeweiligen Wirtskoralle perfekt entsprechen. Was die Fähigkeit zur Tarnung betrifft, stellen die Bargibant-Seepferdchen, die nur knapp 2,5 Zentimeter groß werden, selbst alle anderen Rosse der Meere in den Schatten: Farben und Form bestimmter Fächerkorallen können diese Tiere so gut nachahmen, dass selbst erfahrene Fischkundler – falls sie die Seepferdchen überhaupt entdecken – sie mitunter für unterschiedliche Spezies halten.

Zwei Farbtypen sind verbreitet: violett mit rosafarbenen oder roten Warzen – angepasst an die fein verästelte Fächerkoralle

Muricella plectana – sowie gelb mit orangen Warzen bei Individuen, die auf Fächerkorallen der Art *Muricella paraplectana* leben. Als Rückzugsort für die Paarung aber scheinen alle Bargibant-Seepferdchen erstere Korallen zu bevorzugen.

Typische Kennzeichen dieser Art: Ihre Krone hat statt Zacken abgerundete Noppen. Rechts und links im Gesicht finden sich zudem je ein langer Stachel am Auge sowie kürzere, abgerundete Wangenstacheln. Kopf und Rumpf wirken fleischig. Körperringe, wie sie für viele andere Seepferdchen typisch sind, fehlen weitgehend. Die Schnauze schließlich ist bei den Bargibant-Seepferdchen auffallend kurz, und ihre Rückenflosse steht stärker ab als bei den meisten anderen Seepferdchen.

Männliche und weibliche Bargibant-Seepferdchen sehen einander täuschend ähnlich. Einziger Unterschied: Die Männchen haben einen vertikalen Schlitz am Bauch – die Öffnung des Brutbeutels, in dem die Babys ausgetragen werden. Die Weibchen dagegen weisen in diesem Bereich einen Buckel auf, der sich bei näherer Betrachtung als Ovipositor zu erkennen gibt: das penisähnliche Organ, mit dem die Eizellen in die Bauchtasche des Männchens gespritzt werden.

Die US-amerikanische Tiefseetaucherin Denise Tackett beobachtete, dass diese Seepferdchen meist in trauter Zweisamkeit auf Fächerkorallen leben. Mitunter aber teilen sich auch mehrere Pärchen als eine Art WG eine solche Wirtskoralle. Einmal sichtete Tackett sogar insgesamt vierzehn Paare auf einer Gorgonie – und gelegentlich auch einzelgängerische Bargibant-Seepferdchen. Allgemein kann man sagen: Die Populationsdichte dieser Art ist extrem niedrig, oft findet sich im Meer gerade mal ein Individuum auf 600 Quadratmetern.

Als wahrscheinlich ersten Taucherinnen weltweit gelang es Denise Tackett und Sara Lourie im August 1999, im Meer die Geburt solcher Tierchen zu beobachten. Insgesamt dauerte sie etwa fünfzehn Minuten. Vierunddreißig Babys, alle knapp zwei Millimeter groß, kamen zur Welt. Das liegt, was die Reproduktionszahl betrifft, ziemlich genau im Durchschnitt: Auch in Aquarien werden bei Bargibant-Seepferdchen pro Wurf etwa fünfunddreißig Babys aus dem Brutbeutel gepresst.

Die Promiskuitiven

DENISE-ZWERGSEEPFERDCHEN (*H. denise*) sind schlanker als Bargibant-Seepferdchen, sehen jener Art aber sonst recht ähnlich. Ihr orangefarbener Körper ist am Greifschwanz mit dunklen Ringen verziert. Sie haben weder Stacheln noch eine Krone. Bei dieser Art unterscheiden sich Männchen und Weibchen relativ deutlich voneinander: Die Stuten sind größer und schlanker als die Hengste.

Bei der Wahl ihrer Wirtskorallen sind Denise-Zwergseepferdchen flexibler als die Bargibant-Fraktion. Genau wie Bargibant-Seepferdchen weisen aber auch sie bezüglich Färbung und Körperform eine erstklassige Anpassung an den jeweiligen »Wirt« auf und sind daher besonders schwer aufzuspüren. Benannt wurde die Spezies nach der nordamerikanischen Taucherin Denise Tackett, die sie vor rund zwanzig Jahren bei Sulawesi (Indonesien) im Meer entdeckt hat (vgl. Kapitel 11).

Denise-Zwergseepferdchen leben enger beisammen als Bargibant-Seepferdchen. Sie sind in erster Linie tagaktiv und nutzen diese Zeit vorrangig zum Jagen und Fressen. Zu sozialen Kontakten und Sex hingegen kommt es vor allem frühmorgens oder während der Abenddämmerung.

Die Schwangerschaft dauert bei Denise-Zwergseepferdchen ungewöhnlich kurz, und die Zahl der Nachkommen pro Wurf ist gering: Nach gerade mal elf bis vierzehn Tagen kommen nur sieben bis vierzehn Babys zur Welt. Dafür scheinen diese Seepferdchen besonders viel Lust auf Sex zu haben. Einmal beobachteten Taucher, wie ein Denise-Zwergseepferdchen innerhalb von vier Minuten dreizehn Babys zur Welt brachte – und sich bereits vierzehn Minuten darauf wieder paarte.

Denise-Zwergseepferdchen sind auch sonst quirliger und dynamischer als Bargibant-Seepferdchen. Sie lassen ihre Wirtskoralle häufig los, rollen ihren Schwanz auf und schwimmen vor der Gorgonie umher. Zudem sind sie kontaktfreudiger: Manche Individuen interagieren eng mit mehreren Partnern. Ein Weibchen dieser Art wurde dabei beobachtet, wie es eine Dreiecksbeziehung mit zwei Männchen führte – der bisher einzige nachgewiesene Fall von Polyandrie im Reich der Seepferdchen. Beide Gatten erhielten nur eine halbe Charge Eier – und das Weibchen konnte das Risiko, dass die Schwangerschaft ungünstig verlief, so minimieren.

Die Nano-Fraktion

Die SATOMI-SEEPFERDCHEN (*H. satomiae*) wurden nach der japanischen Taucherin Satomi Onishi benannt, die sie 2003 vor Borneo entdeckt hat. Diese Rosse der Meere werden nur 1,4 Zentimeter lang – und sind damit die kleinsten Seepferdchen der Welt, so winzig, dass ein Individuum auf einem menschlichen Fingernagel Platz fände. Von den anderen Pygmäen-Seepferdchen – der Gruppe besonders kleiner, schwach gepanzerter Arten mit nur einer einzigen Kiemenöffnung am Hinterkopf – unterscheiden sie sich in erster Linie durch die auffälligen Stacheln an Kopf und Rumpf, die ihnen ein martialisches Aussehen verleihen. Weitere typische Kennzeichen sind: ein dunkler Fleck bei den Augen, weiße Punkte über den ganzen Körper verteilt sowie eine eckige Krone. Nachts kann man beim Tauchen im Meer ganze Gruppen von

Satomi-Seepferdchen zu Gesicht bekommen, meist bei Gorgonien. Tagsüber aber sind sie kaum aufzufinden. Sie leben in Wassertiefen von zehn bis zwanzig Metern. Ihre Hauptfortpflanzungszeit ist der Herbst. Die Neugeborenen sind schwarz und etwa drei Millimeter groß. Darüber hinaus wissen selbst Experten noch kaum etwas über diese geheimnisvollen Winzlinge.

Die fetten Hünen

DICKBAUCHSEEPFERDCHEN (*H. abdominalis*) – gelb, hellbraun oder weiß, an Schwanz und Kopf oft auch gescheckt – sind die größten Seepferdchen der Welt. Von der Schwanz- bis zur Kronenspitze können sie 35 Zentimeter lang werden. Wie die winzigen Pygmäen-Seepferdchen verfügen sie über zwölf (mitunter gar dreizehn) Rumpfringe. Zudem haben sie die längste Rückenflosse und die meisten Schwanzringe aller Seepferdchenarten. Ein weiteres typisches Kennzeichen sind auffallende, fadenartige Gebilde am Kopf, die, da diese Tiere häufig zwischen Wasserpflanzen leben, die Tarnung unterstützen. Dickbauchseepferdchen wachsen während ihres ganzen Lebens, mit zunehmendem Alter jedoch immer langsamer. Im Aquarium werden sie bis zu acht Jahre alt.

Bei dieser Spezies variiert der Körperbau individuell sehr stark, insbesondere die Länge der Schnauze. Manche Experten, wie etwa Rudie H. Kuiter aus Melbourne, grenzen die Art *H. bleekeri* ab, deren Individuen eine besonders lange Schnauze haben. Bei dieser (möglicherweise) eigenständigen Art lockt ein laichreifes Weibchen meist mehrere Männchen an, die wiederum durch das Aufblähen ihres Brutbeutels versuchen, dieses zur Eiablage zu verführen. Bleekeri-Seepferdchen sind leicht zu züchten und in Aquarien auf der ganzen Welt beliebt. Andere Fachleute wie die Taxonomin Sara Lourie aus Montreal bezweifeln jedoch, dass es sich bei diesen Tieren wirklich um eine eigenständige Art handelt. Und sie haben ein gutes Argument: Sowohl besonders lang- als auch besonders kurzschnäuzige Individuen finden sich bei den Dickbauchseepferdchen mitunter im selben Wurf.

Diese Seepferdchen können das ganze Jahr über schwanger werden. Ihre Jungtiere halten sich beim Schwimmen annähernd horizontal und rollen den Greifschwanz erst ein, wenn sie das Erwachsenenalter erreicht haben. Da diese Besonderheit lange nicht bekannt war, wurden juvenile Dickbauchseepferdchen einst fälschlich als eigene Spezies beschrieben.

Die fetten Riesen unter den Seepferdchen gehören auch zu den Arten mit den stärksten physiognomischen Unterschieden zwischen Hengst und Stute: Im Vergleich zu den Weibchen sind die Männchen schwerer, haben längere Greifschwänze sowie kürzere, dickere Schnauzen.

Die korpulenten Hünen sind während der Nacht aktiver als tagsüber. Taucher haben im Meer beobachtet, dass diese Fische sich zu später Stunde mitunter in Gruppen versammeln. Zu welchem Zweck, ist noch unklar. Sie klammern sich häufig an Makroalgen fest, aber auch an Fangnetzen, Landungsstegen oder im Wasser treibendem Müll. In der Regel leben Dickbauchseepferdchen in eher seichten Küstengewässern, mit Vorliebe in geschützten Habitaten wie Buchten. Einmal aber wurde ein Individuum dieser Art in einer – für Seepferdchen extremen – Wassertiefe von 104 Metern gesichtet. Gerade die Riesen unter den Rossen der See sind also offensichtlich für allerlei Überraschungen gut.

Die Turnierboxer

KURZKOPF-SEEPFERDCHEN (*H. breviceps*) sind eng mit den Dickbauchseepferdchen verwandt. Sie werden allerdings nur fünf bis zehn Zentimeter groß, haben eine säulenartige Krone sowie eine kurze Schnauze. An ihrem gelblich-braunen bis rötlich-violetten Körper finden sich auffällige weiße Flecken mit dunklem Rand, insbesondere am Kopf. Die Vorderseite des Schwanzes weist zudem helle Querstreifen auf. Oft haben Kurzkopf-Seepferdchen an Kopf und Nacken eine Mähne aus einer Art Hautfetzen. Die Stacheln am Körper dieser Tiere sind unterschiedlich ausgeprägt: manche kurz und spitz; andere warzenförmig abgerundet.

Eine Theorie zur Entstehung dieser Art besagt, dass sich über Jahrmillionen jeweils die kleinsten Dickbauchseepferdchen (*H. abdominalis*) miteinander paarten, während sich die größeren untereinander fortpflanzten. Demnach seien die heutigen Kurzkopf-Seepferdchen die Ururenkel der kleinsten Dickbauchseepferdchen aus grauer Vorzeit. Sie leben vor der Südküste Australiens, vor allem in felsigen Riffen und von Algen geprägten Meeresgebieten, aber auch in Seegraswiesen.

Verhaltensforscher haben festgestellt, dass sich die Kurzkopf-Seepferdchen – sehr untypisch für Rosse der Meere – nicht eheähnlich an einen festen Partner binden, sondern in gemischtgeschlechtlichen sozialen Gruppen von bis zu zehn Individuen leben. Über die gesamte Fortpflanzungszeit bleiben sie in solchen Gangs von Artgenossen beisammen. Um sich für die potenziellen Sexualpartnerinnen interessant zu machen, tragen die männlichen Kurzkopf-Seepferdchen untereinander Kämpfe aus: Sie ringen mit ihren Greifschwänzen und »boxen« mit den Köpfen gegeneinander. Der Unterlegene ergreift die Flucht – und der Sieger hat gute Chancen, ein paarungswilliges Weibchen zu freien. Beobachtet haben Wissenschaftler zudem intensive »soziale Interaktionen« einzelner Männchen mit bis zu drei Weibchen. Während der gesamten fünfwöchigen Studie ging jedes Weibchen allerdings nur auf die Avancen eines einzigen Männchens ein. Vielleicht leben also letztlich auch die Kurzkopf-Seepferdchen, trotz der dramatischen Hierarchiekämpfe unter den Hengsten, monogam, wie so viele andere Rosse der Meere (vgl. Kapitel 8).

Die Nachtschwärmer

Die TIGERSCHWANZ-SEEPFERDCHEN (*H. comes*) sind nach ihrem markanten, gelb-schwarz gestreiften Greifschwanz benannt. Sie werden bis zu neunzehn Zentimeter groß und gehören zu den ersten tropischen Seepferdchen, die in freier Natur beobachtet wurden. Sie haben eine niedrige Krone mit fünf abgerundeten Zacken. Die meisten Tigerschwanz-Seepferdchen leben pärchenweise in Riffen mit vielen Weichkorallen, in der Regel in Tiefen von mehr als zwanzig Metern. Sie sind in ganz Südostasien verbreitet, am stärksten auf den Philippinen.

Untypisch für Seepferdchen, ist diese Spezies vor allem nachtaktiv. Tagsüber verbergen sich Tigerschwanz-Seepferdchen meist in den Korallenriffen. Erst in der Abenddämmerung kommen sie aus ihren Verstecken und hängen sich an Korallenäste, in der Regel immer an denselben. Dort warten sie auf Beute. Meist teilen sich Pärchen ein Territorium. Tigerschwanz-Seepferdchen scheinen ausgesprochen monogam und standorttreu zu sein: Forscher sichteten im Rahmen einer Studie dieselben beiden Individuen fast zwei Jahre lang an ein und demselben Ort.

Bei dieser Spezies kommt es das ganze Jahr über zu Schwangerschaften, die Hauptsaison ist aber September bis November. Die Trächtigkeit dauert dreizehn bis zwanzig Tage, in der warmen Jahreszeit kürzer als im Winter. Die Geburt kann sich über mehrere Tage hinziehen. Es kommen jeweils etwa vierhundert Babys zur Welt.

Seit den 1960er-Jahren machen spezialisierte Fischer auf den Philippinen Jagd auf Tigerschwanz-Seepferdchen. Und trotz des offiziellen Fang- und Handelsverbots der Regierung infolge des CITES-Abkommens von 2002 werden diese Tiere weiter bejagt und exportiert (vgl. Kapitel 19).

Amandas Lieblinge

WHITES SEEPFERDCHEN (*H. whitei*) gehören zu den mittelgroßen Rossen der Meere und werden bis zu dreizehn Zentimeter lang. Diese graubraun oder gelblich gefärbten Seepferdchen wurden nach dem Mediziner John White benannt, der 1790 erstmals ein Bild eines solchen Individuums in einer Zeitschrift veröffentlichte. Whites Seepferdchen haben hohe Kronen und leben vor der Ostküste Australiens, insbesondere in der Gegend von Sydney. Als erste Rosse der See wurden sie über längere Zeit hinweg wissenschaftlich untersucht. Die große Pionierin dieser Forschungsrichtung, die kanadische Meeresbiologin Amanda Vincent, beobachtete und analysierte ihr Sozial- und Sexualverhalten bereits in den 1980er-Jahren. Die meiste Zeit über forschte sie im Hafengebiet von Sydney, in Watsons Bay, wo eine große Kolonie dieser Tiere lebte. Hunderte von Stunden verbrachte die Verhaltensforscherin unter Wasser. Sie fand heraus, dass Whites Seepferdchen enge, eheähnliche Paarbeziehungen aufbauen. Vincent beobachtete auch, dass die Balz bei dieser Spezies über eine Stunde dauern kann und es dabei zu Farbveränderungen der Haut und gemeinsamem Umherstreifen in der Unterwasserwelt kommt, wobei Hengst und Stute oft die Greifschwänze ineinanderlegen. Auch das gemeinsame Aufsteigen der Sexualpartner Richtung Wasseroberfläche, die Übergabe der Eier sowie mehrere Schwangerschaften von Männchen verfolgte sie in ihrer Taucherausrüstung. Als überzeugte Feministin war die Seepferdchenforscherin insbesondere von der ungewöhnlichen Interpretation der Geschlechterrollen bei diesen Tieren fasziniert (vgl. Kapitel 9) – von der die meisten Zoologen weltweit damals noch nichts wussten.

Whites Seepferdchen kommen in Tiefen bis zu zwölf Metern vor, in Seegraswiesen, bei Weichkorallen und Schwämmen. Einzelne Adulttiere wurden während der Wintermonate auch in großen Ästuaren gesichtet. Die meisten Paare dieser Seepferdchen bleiben zusammen und zeugen mehrmals pro Saison Nachwuchs. Pro Wurf kommen etwa sechzig bis achtzig Jungtiere zur Welt. Anders als die meisten anderen Fohlen der Meere durchleben sie kein pelagisches Stadium, sondern begeben sich schon als Babys zum Meeresgrund hinab (vgl. Kapitel 4).

Die Habitate der Whites Seepferdchen in der Nähe von Sydney wurden zwischen 2010 und 2013 durch Stürme und Bautätigkeiten schwer dezimiert, und die lokale Population dieser Tiere ging stark zurück. Seit 2017 stehen die Whites Seepferdchen gar auf der Roten Liste bedrohter Arten der Weltnaturschutzunion IUCN. Inzwischen aber wurden in Australien besondere Schutzmaßnahmen für diese Rosse der See gestartet: Manche Jungtiere werden zum Beispiel vorübergehend im Sea Life Sydney Aquarium aufgepäppelt (vgl. Kapitel 19).

Die Favoriten der TCM-Apotheker

DREIPUNKT-SEEPFERDCHEN (*H. trimaculatus*) sind nach den drei markanten dunklen Flecken an ihrem Rücken benannt – obwohl längst nicht alle Individuen dieser Spezies eine solche Musterung aufweisen. Manche Dreipunkt-Seepferdchen sind braun gefärbt, andere gesprenkelt, einige goldorange, wieder andere schwarz-weiß gestreift oder tiefschwarz. Typische Kennzeichen: deutlich ausgeprägte, hakenförmig gebogene Stacheln an beiden Seiten des Halses und über den Augen, ein schmaler Kopf, ein sehr langer Greifschwanz sowie eine schwach ausgeprägte Krone.

Dreipunkt-Seepferdchen sind weit verbreitet: In Nordostaustralien leben sie ebenso wie auf Tahiti, den Philippinen, in Japan und in Indien. Sie hausen auf sandigen, offenen Flächen des Meeresbodens, in Tiefen zwischen zehn und hundert Metern, und werden bis zu siebzehn Zentimeter lang. Die Männchen sind meist etwas größer als die Weibchen.

Ihr Jagdverhalten entspricht dem Mainstream bei den Rossen der Meere: Sie ernähren sich von Zooplankton und lauern diesen Kleinstlebewesen auf, während sie sich an Seegrashalmen festhalten, um Energie zu sparen. Wissenschaftler vermuten, dass diese Spezies auch zu den Seepferdchenarten zählt, die sich, an Algen geklammert, weit übers Meer treiben lassen und neue Lebensräume erschließen: Vor wenigen Jahren wurden zum Beispiel in der Straße von Malakka, einer Meerenge zwischen der Malaiischen Halbinsel und der Nordostküste von Sumatra, erstmals Dreipunkt-Seepferdchen gesichtet, in für diese Spezies ungewöhnlich seichten Gefilden mit einer Wassertiefe von weniger als einem Meter. Wahrscheinlich waren es die ersten Dreipunkt-Seepferdchen, die es jemals in jene Gegend verschlagen hat.

Sehr viele Dreipunkt-Seepferdchen werden von Schleppnetzfischern aus dem Meer gezogen. Unter allen Seepferdchenarten sind diese Rosse der Meere als Ingredienzien für Heilmittel der Traditionellen Chinesischen Medizin (TCM) am begehrtesten. Experten schätzen, dass diese Spezies allein ein Drittel aller weltweit gehandelten Seepferdchen ausmacht (vgl. Kapitel 15).

Die bedrohten Südländer

KNYSNA-SEEPFERDCHEN (*H. capensis*) können als einzige Seepferdchenspezies (annähernd) in Süßwasser leben. Aufgrund ihres besonderen Stoffwechsels haben sie die Fähigkeit, zwischen Meerwasser mit einem Salzgehalt von 3,5 Prozent und quasi reinem Süßwasser (0,1 Prozent Salzgehalt) hin- und herzupendeln.

Ein weiteres Alleinstellungsmerkmal: Die Knysna-Seepferdchen haben das kleinste Verbreitungsgebiet aller Rosse der See. Weltweit umfasst ihr gesamter Lebensraum gerade mal fünfzig Quadratkilometer: Ausschließlich in Ästuaren in Südafrika kommen diese Tiere vor. Forscher vermuten, dass sie die seltensten Seepferdchen der Welt sind. Nach Schätzungen gab es bereits um das Jahr 2008 nur mehr 90 000 Individuen dieser Art. Alle leben entlang der berühmten Garden Route, zwischen Kapstadt und Port Elizabeth, unweit der Küstenstadt Knysna, die im 19. Jahrhundert ein wichtiger Handelsort für Gold und Elfenbein war und heute vor allem als Tourismus-Destination bekannt ist.

Die Knysna-Seepferdchen stehen unter enormem Druck: Die Wetterumschwünge am Westkap können extrem sein. 1991 wurden nach einem starken Platzregen dreitausend dieser Tiere an den Strand gespült, wo sie erstickten. Vor allem aber schrumpft ihr ohnehin kleiner Lebensraum immer weiter: In der dicht besiedelten Küstenregion jener beliebten Gegend von Südafrika machen sich mehr und mehr Hotels, Golfplätze und Wohnhäuser breit. Abwässer werden ins Meer eingeleitet, Motorboote zerstören das Seegras. Als erste Seepferdchenart überhaupt wurden die Knysna-Seepferdchen daher von der Weltnaturschutzunion IUCN bereits vor zehn Jahren als »bedrohte Art« eingestuft. Und immerhin: Mittlerweile verbietet das südafrikanische Fischereigesetz den Fang dieser Rosse der See, und Teile der Lagune von Knysna wurden als Meeresschutzgebiet ausgewiesen.

Typisch für Knysna-Seepferdchen sind ein glatter, weitgehend stachelfreier Körper, ein abgerundeter Kopf ohne Krone sowie eine kurze, stumpfe Schnauze. (Die Jungfische können eine kleine Krone aufweisen, die sich aber mit zunehmendem Alter zurückbildet.) Meist sind Knysna-Seepferdchen braun mit dunklen Flecken. Es gibt aber auch weiße, gelbe, orangefarbene, beige, grüne und schwarze Individuen. Mit gut zwölf Zentimetern Länge gehören sie zu den mittelgroßen Seepferdchen. Wie sehr viele andere Rosse der Meere führen sie feste Paarbeziehungen. Im Alter von knapp einem Jahr werden sie geschlechtsreif. Entdeckt wurden die Knysna-Seepferdchen um das Jahr 1900.

Die Klassiker ohne Stacheln

GELBE ÄSTUARENSEEPFERDCHEN (*H. kuda*) – ihr wissenschaftlicher Name ist vom malaiischen Wort *kuda* für »Pferd« abgeleitet – leben nicht ausschließlich in Ästuaren, sondern auch in Mangrovengebieten oder Seegraswiesen, die nicht in Mündungsgebieten von Flüssen liegen. Mit bis zu siebzehn Zentimetern Länge gehören sie zu den mittelgroßen Seepferdchen. Oft sind insbesondere die Männchen gar nicht gelb, wie es der umgangssprachliche Name suggeriert, sondern schwarz mit feinen vertikalen Linien (die aus winzigen weißen Punkten bestehen) oder auch eierschalenfarben mit braunen Flecken. Die Krone dieser Seepferdchen ist nach hinten geneigt, die Schnauze breit. Gewöhnlich leben Gelbe Ästuarenseepferdchen in Tiefen bis zu 33 Metern. Nach Schätzungen gehören sie zu den häufigsten Seepferdchen der Welt. Allerdings wurden lange Zeit über fast alle stachellosen Rosse der Meere aus dem Indopazifik zu dieser Spezies gerechnet.

Auch diese Art ist in der Traditionellen Chinesischen Medizin (TCM) begehrt. Händler bleichen sie vor dem Verkauf häufig in der Sonne, um höhere Preise zu erzielen. Denn farblose Seepferdchen gelten als wirksamere Heilmittel als dunkle. Auch als Zierfische gehören die Gelben Ästuarenseepferdchen zu den beliebtesten Rossen der See. Sowohl in China als auch in Indien und Vietnam gibt es Zuchtbetriebe.

In Westmalaysia kümmert sich die Meeresschutzorganisation SOS Malaysia um den Schutz der Gelben Ästuarenseepferdchen. Denn besonders im Mündungsgebiet des Flusses Pulai, nördlich von Singapur, wo der Containerhafen Tanjung Pelepas immer stärker expandiert, ist die Lokalpopulation dieser Seepferdchen gefährdet. Freiwillige Helfer um den Meeresbiologen und Umweltaktivisten Adam Lim fangen die Tierchen mit Keschern aus dem seichten Wasser und organisieren ihren Umzug in ein wenige Kilometer entferntes, ungefährlicheres Küstengebiet (vgl. Kapitel 20).

Die Stiernacken

H. minotaur werden umgangssprachlich als TASMANISCHE ZWERGSEEPFERDCHEN bezeichnet – obwohl sie immerhin fünf Zentimeter lang werden können. Sie haben einen übergroßen Kopf, eine dicke Halspartie und eine zartere hintere Körperhälfte. Weitere Besonderheiten: keine deutliche Segmentierung zwischen Kopf und Rumpf sowie eine kurze Schnauze. Sowohl Kopf als auch Rumpf wirken bei dieser Spezies ungewöhnlich fleischig. Weder Körperringe noch Stacheln oder sonstige Verzierungen sind vorhanden.

Tasmanische Zwergseepferdchen sind eierschalenfarben und mitunter braun gesprenkelt. Ihr wissenschaftlicher Name spielt auf den Minotaurus aus der Sagenwelt der griechischen Antike an: ein Wesen mit breitem Stierkopf und Menschenkörper. Sie haben eine winzige Rückenflosse mit nur sieben Flossenstrahlen. Auf der Bauchseite fehlen die Knochenplatten weitgehend, und statt einer Krone weisen diese Tierchen nur eine leichte »Beule« auf. Alle drei bekannten Individuen dieser Art wurden vor der Südostküste Australiens – also unweit von Tasmanien – aus einer Tiefe von 64 bis 110 Metern von Schleppnetzfischern aus dem Wasser gezogen. Der stachelfreie, glatte Leib lässt Experten vermuten, dass diese Seepferdchen auf Schwämmen leben.

Die Schönlinge mit den Minibabys

TROPISCHE LANGSCHNÄUZIGE SEEPFERDCHEN (*H. reidi*) leben in der Karibik und in Brasilien, am verbreitetsten scheinen sie in Ästuaren zu sein. Mit Vorliebe halten sie sich an Mangrovenwurzeln fest oder an abgebrochenen Ästen, die im Wasser treiben. Eine Studie zeigte, dass es – zumindest in manchen Teilpopulationen – mehr Weibchen als Männchen dieser Art gibt und die Stuten dynamischer und umtriebiger sind als die Hengste. Unstrittig ist, dass die tropischen Langschnäuzigen Seepferdchen zu den fruchtbarsten aller Rosse der Meere gehören: Bis zu 1500 Babys kommen bei einer einzigen Geburt zur Welt, und die Jungtiere werden innerhalb von nur zwei Monaten geschlechtsreif. Besonders kurios: Die Babys sind mit bloßem Auge kaum zu sehen und wohl die kleinsten Nachkommen aller Seepferdchen – obwohl die Adulttiere dieser Spezies mit bis zu achtzehn Zentimetern zu den größten Rossen der Meere zählen.

Die tropischen Langschnäuzer sind relativ schlank und haben eine weitgehend glatte Oberfläche sowie eine seltsam knollenförmige Krone. Besonders wegen ihrer auffälligen Färbung – von Braun über Knallorange, Gelb und Rot bis hin zu Schwarz – sind diese Seepferdchen als Zierfische sehr beliebt. Manche Individuen haben zudem eine helles Muster an der Rückenpartie, das an einen Sattel erinnert. Für Aquarien werden sie gezüchtet, spezialisierte Fischer tauchen in Brasilien aber auch bis zu sieben Meter tief nach diesen Tieren. Denn Brasilien zählt zu den wichtigsten Exportländern von Zierfischen, und tropische Langschnäuzige Seepferdchen werden auch in Zeremonien brasilianischer Naturreligionen verwendet.

Ungeklärt ist der taxonomische Status mancher Lokalpopulationen: zum Beispiel derjenige der »Brasilianischen Riesen« unklarer Herkunft, die die Meerestierhändlerin Elena Theys aus Visselhövede bei Bremen einst in ihrer Obhut hatte und weiter züchtete (vgl. Kapitel 1). Vielleicht handelt es sich bei diesen Seepferdchen um eine eigenständige Spezies, vielleicht aber auch um eine Unterart von *H. reidi*.

Eng verwandt sind die tropischen Langschnäuzer mit den Westafrikanischen Seepferdchen (*H. algiricus*). Forscher vermuten, dass sich Individuen dieser beiden Arten, falls sich die Gelegenheit bietet, sogar miteinander paaren. Dennoch geht selbst die strenge Taxonomin Sara Lourie aus Montreal weiterhin davon aus, dass es sich um unterschiedliche Spezies handelt.

Die Europäer mit Mähne

EUROPÄISCHE LANGSCHNÄUZIGE SEEPFERDCHEN (*H. guttulatus*) sind meist dunkelgrün oder braun gefärbt und mit Wellenlinien aus kleinen weißen Punkten verziert. Der französische Naturforscher Georges Baron de Cuvier, einer der Begründer der modernen Zoologie, beschrieb diese Tiere 1829 als Erster. Sie haben – zumindest im Vergleich zu den anderen in Europa heimischen Seepferdchen namens *H. hippocampus* – tatsächlich eine lang gezogene Schnauze. Charakteristisch sind darüber hinaus lange, auffällige Hautlappen oder stachelartige Auswüchse an Kopf und Rücken, die mit etwas Fantasie wie eine Mähne aussehen. Sie helfen den Tieren in Seegraswiesen bei der Tarnung.

Europäische Langschnäuzige Seepferdchen verbergen sich mit Vorliebe zwischen Seegrashalmen, Seeigeln oder Moostierchen (*Bryozoen*). Generell mögen sie dicht bewachsene Regionen auf dem Meeresboden und halten sich gerne an allen möglichen Wasserpflanzen, wirbellosen Tieren oder künstlich geschaffenen Strukturen fest. Sie gehören zu den Arten, die als Adulttiere wahrscheinlich im Wasser treibende Pflanzen als eine Art Fähren nutzen. Das könnte ihre relativ weite Verbreitung erklären. Sie leben sowohl in der Nordsee, bis nach Schottland hinauf, sowie in weiteren Gebieten des nordöstlichen Atlantiks, im Mittelmeer und im Schwarzen Meer.

Ihre Populationsdichte ist höher als diejenige der Kurzschnäuzigen Seepferdchen (*H. hippocampus*): Bei Studien in Italien und Portugal wurden jeweils rund zwölfmal so viele Langschnäuzer wie Kurzschnäuzer gesichtet. Die in Europa heimischen Langschnäuzigen Seepferdchen pflanzen sich von April bis Oktober fort. Männchen sammeln sich in Gruppen um laichbereite Weibchen und wetteifern um die Paarung. Die Schwangerschaft selbst dauert etwa vier Wochen. Normalerweise sind es fünfzig bis dreihundert Babys pro Wurf, einmal kamen aber auch 581 bei einer einzigen Geburt zur Welt. Die Neugeborenen haben bereits eine Länge von etwa 1,5 Zentimetern, die adulten Tiere werden bis zu fünfzehn Zentimeter groß.

Die Haltung dieser Spezies im Aquarium ist anspruchsvoll, schon weil europäische Langschnäuzige Seepferdchen meist nur lebendes Futter akzeptieren.

Linnés Parade-Seepferdchen

Die KURZSCHNÄUZIGEN SEEPFERDCHEN (*H. hippocampus*) kommen weitgehend im gleichen Verbreitungsgebiet vor wie die europäischen Langschnäuzigen. Auch sie erreichen eine Länge von bis zu fünfzehn Zentimetern. Wie der deutsche Name nahelegt, ist das Röhrenmaul bei dieser Spezies aber erheblich kürzer ausgeprägt. Ihre Schnauze macht oft gerade mal ein Drittel der Länge des Kopfes aus. Zudem haben die Kurzschnäuzigen Seepferdchen keine mähnenartigen Körperanhängsel. Viele Individuen weisen dafür stark ausgeprägte, abgerundete Stacheln über den Augen auf. Eine Besonderheit dieser Spezies besteht darin, dass die Weibchen kurz vor der Paarung »erblassen«, um ihre Balzstimmung anzuzeigen.

Als erste Rosse der Meere überhaupt wurden die Kurzschnäuzigen Seepferdchen 1758 wissenschaftlich beschrieben, und zwar vom Begründer der modernen Taxonomie, Carl von Linné, höchstpersönlich. Anders als die meisten anderen Rosse der See lieben sie Gebiete am Meeresgrund, die nur spärlich bewachsen sind, und sie halten sich auch in tiefen Meeresregionen auf.

Die Kurzschnäuzigen Seepferdchen werden oft getrocknet gehandelt und in TCM-Rezepturen verwendet (vgl. Kapitel 15). Fang und Handel sind in zahlreichen Ländern zwar seit bald zwanzig Jahren verboten, doch es entstand ein Schwarzmarkt. Und während viele andere Seepferdchenarten ihre Körperfarben zur Tarnung im Meer der Umgebung anpassen können, sind die Kurzschnäuzer zu diesem Trick nicht in der Lage – mit Sicherheit ein Handicap im Überlebenskampf (vgl. Kapitel 18).

Die kleinen Großen

ZWERGSEEPFERDCHEN (*H. zosterae*) werden gerade mal zwei bis drei Zentimeter lang. Im Gegensatz zur Gruppe der Pygmäen-Seepferdchen, die ebenfalls winzig sind, aber eine reduzierte Panzerung aufweisen, wirken diese Tiere wie Miniaturausgaben der größeren Arten. Auffallend sind die markanten Körperringe und der außen am Bauch liegende Brutbeutel bei den Männchen. Die Krone der Zwergseepferdchen kann wie eine Säule aussehen, aber auch wie ein Türknauf gebogen sein. Je nach Umgebung sind diese Tiere beige, gelb, grün, schwarz oder in unterschiedlichen Farben gefleckt.

Zwergseepferdchen leben in seichten Seegraswiesen. Vor der Küste von Florida sind sie recht zahlreich, und auch in Texas, Mexiko und auf den Bahamas kommen sie vor. Vor allem ernähren diese Ponys der Meere sich von winzigen Ruderfußkrebsen (*Copepoden*). Zwergseepferdchen werden früh geschlechtsreif, schon im Alter von knapp drei Monaten können sie sich fortpflanzen. Das Balzritual umfasst Zitterbewegungen und gemeinsames Aufsteigen zur Wasseroberfläche, bevor das Weibchen seinen Ovipositor zum Einsatz bringt. Die Tragezeit der Männchen dauert nur etwa zwölf Tage, und manche Väter paaren sich schon wenige Stunden nach der Geburt wieder. Meist werden bis zu zwanzig Babys geboren, vereinzelt auch bis zu fünfzig, und zwar jeweils von Februar bis Oktober.

Zwergseepferdchen sind mit einer Höchstgeschwindigkeit von gerade mal 0,054 Stundenkilometern die langsamsten Fische der Welt. Doch ihre besondere Tarnkappentechnik bei der Jagd macht sie zu erstklassigen Raubtieren (vgl. Kapitel 6). An veränderte Umweltbedingungen können sich diese Tiere relativ gut anpassen. Auch daher lassen sich Zwergseepferdchen in kleinen Gruppen weitgehend problemlos in Aquarien halten und werden dort bis zu zwei Jahre alt. Meist finden ähnlich große Individuen als Paar zusammen.

Die feurigen »Mustangs«

LINIENSEEPFERDCHEN (*H. erectus*) werden bis zu neunzehn Zentimeter groß. Sie leben in seichten Küstengewässern, von Neuschottland (Kanada) bis hinunter nach Brasilien. Die Grundfarbe variiert: Je nach Umgebung sind Linienseepferdchen weiß, gelb, orange, rot oder schwarz. Und auch was Größe, Körperform und die Ausprägung der Stacheln angeht, unterscheiden sich diese Rosse der Meere individuell sehr stark. Daher wurden insbesondere Individuen dieser Spezies von Naturliebhabern immer wieder »entdeckt« und als neue Arten vorgeschlagen. Dabei gibt es zwei Merkmale, die Linienseepferdchen von allen anderen Rossen der Meere unterscheiden: stark verdickte, knochige Ringe am Rumpf sowie lange, auffällige Stacheln an den Rumpfringen eins, drei und fünf. Kennzeichnend für diese Spezies sind zudem deutlich ausgeprägte Linien am Rumpf sowie senkrechte im Nackenbereich.

Unklar ist noch, ob es sich bei den Linienseepferdchen, die im Norden von Amerika gesichtet wurden, um Besucher aus dem Süden handelt oder ob sich eine Teilpopulation längerfristig dort niedergelassen hat. Genetische Untersuchungen an Individuen, die bei New York gefangen wurden, legen immerhin nahe, dass diese Tiere fest dort ansässig sind, auch wenn sie sich während des Winters, aufgrund der Kälte und häufiger Stürme, vorübergehend von der Küste entfernen und in tiefere, weniger turbulente Meeresregionen abtauchen.

Linienseepferdchen sind beliebte Zierfische und werden von manchen Zuchtbetrieben unter Fantasienamen wie »Sunburst«,

»Mustang« oder »Sunfire« angepriesen. Sie pflanzen sich von Mai bis Oktober fort. Meist kommen pro Wurf zweihundert bis fünfhundert Babys zur Welt, vereinzelt können es aber auch bis zu 1300 sein. Als Habitate mögen sie besonders gerne Seegras, Schwämme und im Wasser treibende Braunalgen (*Sargassum*).

Die absoluten Freaks

Die erst vor wenigen Jahren wissenschaftlich beschriebenen PARADOXEN SEEPFERDCHEN (*H. paradoxus*) können mindestens sechs Zentimeter lang werden. Ihr Kopf ist knollenförmig, der Bauch abgeflacht. Darüber hinaus haben diese besonders kuriosen Rosse der Meere an Rumpf und Schwanz eine Reihe fleischiger Hautlappen entlang der Rückenmittellinie.

Welche Farbe diese Seepferdchen mit stachelfreier Oberfläche in lebendem Zustand haben, ist nicht überliefert. Überhaupt wurde von den Paradoxen Seepferdchen bisher nur ein einziges Individuum gesichtet: ein getrocknetes, eierschalenfarbenes Exponat im South Australian Museum in Adelaide. Bei einer geowissenschaftlichen Expedition war dieses Tierchen 1995 von einem Forschungsschiff vor der Südwestküste von Australien aus einer Meerestiefe von 102 Metern heraufgezogen worden.

Fünfzehn Jahre lang lag es im Museum unbeachtet in einer Schachtel – bis sich Experten seiner annahmen und das geheimnisvolle Ross der See 2010 als Vertreter einer eigenständigen, bisher unbekannten Art wissenschaftlich beschrieben. Wie sich Paradoxe Seepferdchen im Wasser fortbewegen, ist allerdings noch unklar. Denn ihnen fehlt die Rückenflosse – das Organ, das bei allen anderen Seepferdchen für den Antrieb beim Schwimmen sorgt.

13. Tierische Liebe
Joachim Ringelnatz & seine Passion

»Seit ich als Paläontologe arbeite, sehe ich
auf der Straße überall Fische umherlaufen.«
Neil Shubin, University of Chicago

Jeder unserer Körperteile erinnert daran, dass wir von Lebewesen abstammen, die vor 385 Millionen Jahren im Wasser gelebt haben«, sagt der renommierte Biologe Neil Shubin von der University of Chicago. Von frühen Fischen also. Professor Shubin weiß das aus erster Hand: Im April 2006 stießen er und seine Kollegen bei wissenschaftlichen Grabungsarbeiten im Norden von Kanada auf ein mehr als 300 Millionen Jahre altes Fischfossil. Bei diesem Lebewesen, das die Forscher *Tiktaalik* tauften, handelte es sich wahrscheinlich um den ersten Fisch, der nicht ausschließlich im Wasser lebte. Und verblüffenderweise wies dieses Wesen an den Extremitäten bereits die gleichen Merkmale auf wie der menschliche Körper: einen großen Knochen, der an den Rumpf anschließt, dann zwei etwas dünnere, viele Gelenkknöchelchen und schließlich fünf Finger- oder Zehenknochen. *Tiktaalik* war »der erste Fisch mit Handgelenk und Ellbogen«, sagt Shubin. »Er hätte Liegestütze machen können.«

Wie sehr der *Homo sapiens* bis heute seinen Ahnen aus dem Meer ähnelt, zeigen auch seine Gebrechen: Mit unserem fischartigen genetischen Hintergrund sind wir nicht dafür konstruiert, stundenlang am Schreibtisch zu sitzen, Fußball zu spielen oder

Marathon zu laufen. Geht man auf zwei Beinen umher, muss die Wirbelsäule permanent hohem Druck standhalten, und auch Knie und Hüfte werden stark beansprucht. »Weil wir noch immer halbe Fische sind, sind Rücken- und Knieschmerzen Volksleiden«, sagt der Ichthyologe Peter Bartsch, Kurator am Berliner Naturkundemuseum. Aus seiner Sicht sind Landwirbeltiere wie der *Homo sapiens* denn auch »die Loser, die aus dem erhabenen Medium Wasser vertrieben wurden« – und nie mehr den Weg zurück fanden.

Wahrscheinlich spielt die evolutionäre Verbundenheit des *Homo sapiens* mit dem Element Wasser unbewusst auch eine Rolle, wenn manche Menschen in heißer Liebe zu Flossentieren entbrennen. Joachim Ringelnatz beispielsweise fühlte sich geradezu seelenverwandt mit Fischen, insbesondere mit Seepferdchen.

Was war dieser Mann aus der sächsischen Kleinstadt Wurzen nicht alles: Schiffsjunge, Lehrling in einer Dachpappenfabrik, Schriftsteller, Buchhalter, Schlangenbeschwörer, Maler, Kaufmann, Dichter, Kabarettist, Leichtmatrose, Tabakladenbesitzer und Säufer. Darüber hinaus: Fremdenführer, Bibliothekar, kaiserlicher Leutnant zur See, Werbetexter, Artist und Hochstapler.

1909 kam Hans Gustav Bötticher, wie Ringelnatz mit bürgerlichem Namen hieß, nach München. Dort entdeckte er das Künstlerlokal »Simpl« (»Simplicissimus«), in dem sich die Boheme jener Zeit zu treffen pflegte: Frank Wedekind etwa, Klabund, Erich Mühsam und Hermann Hesse. Hier begann seine literarische Karriere. Bötticher stieg zum Hausdichter des »Simpl« auf und trug allabendlich seine Verse vor. Zur gleichen Zeit eröffnete er in der Schellingstraße das »Tabackhaus zum Hausdichter« und ließ das Schaufenster des kleinen Ladens mit einem menschlichen Skelett dekorieren. Das Reklameschild warb mit dem Slogan »Damen und Herren werden auf Wunsch gegen Bezahlung angedichtet«. Bereits nach einem Jahr ging die Kleinkunstbühne pleite.

In verschiedenen Zeitschriften veröffentlichte Bötticher unter

Pseudonymen wie »Pinko« oder »Fritz Dörry« erste Gedichte und Novellen. Mit überschaubarem Erfolg. In erster Linie war und blieb er ein Lebenskünstler – ganz ähnlich wie die Seepferdchen, die er so liebte. Zu seinem Künstlernamen »Joachim Ringelnatz«, den er ab 1919 führte, regte ihn ein Dialektausdruck für diese Tiere an, eine Bezeichnung für Seepferdchen, die Glück bringen, aus der Sprache der Seeleute: »Ringelnass« – oder eben »Ringelnatz«. Neben der Unterschrift des Dichters tauchte ab 1919 zudem jeweils ein kleiner Schnörkel auf. Bei flüchtigem Hinsehen könnte man ihn für einen Tintenklecks halten. Doch unter der Lupe wird sichtbar, dass sich der Dichter da jeweils selbst karikierte: mit seiner charakteristischen langen Nase – und dem zarten Körper eines Seepferdchens. Manchmal lässt sich sogar die kleine, ondulierende Rückenflosse erkennen. Bereits viele Jahrzehnte vor der Forschung des US-amerikanischen Paläontologen Neil Shubin, die die nahe Verwandtschaft von Fisch und Mensch belegte, identifizierte sich der Dichter offensichtlich voll und ganz mit seinen Lieblingsflossentieren.

Der Schauspieler Norbert Gescher, Sohn von Ringelnatz' Witwe Leonharda Pieper, erinnert sich bis heute, dass seine Mutter oft die vielen getrockneten Seepferdchen erwähnte, mit denen Joachim Ringelnatz die Regale und Vitrinen in der gemeinsamen Berliner Wohnung am Sachsenplatz (dem heutigen Brixplatz in Berlin-Charlottenburg) ausstaffiert hatte. Für ein befreundetes Paar aus der Hansestadt Lübeck schuf Ringelnatz im Juli 1933 als Hochzeitsgeschenk zudem eine Installation aus neun getrockneten Seepferdchen. Ein besonders anmutiges dieser Rosse der Meere war in einen weißen Brautschleier aus Baumwolle gehüllt.

Joachim Ringelnatz schrieb keine Bestseller. Viele Leute kennen heute aber zumindest seine Seemannsgedichte um den knurrigen Seebären Kuddel Daddeldu. Häufig hatte Ringelnatz mit Geldproblemen zu kämpfen. Doch renommierte Literaten wie

Alfred Polgar, einer der bekanntesten Autoren der Wiener Moderne, hielten große Stücke auf ihn: »Dieser unvergleichliche Ringelnatz hat den Stein der Narren entdeckt (welcher, wie wunderbar, dem Stein der Weisen zum Verwechseln ähnlich sieht).« Auch der Schauspieler und Regisseur Paul Wegener, dessen Film *Der Golem, wie er in die Welt kam* zu den Klassikern des Stummfilms zählt, bewunderte den Seepferdchenfan aus Wurzen: »Was an Ringelnatz exzentrisch erscheint«, schreibt er, »dient nur dazu, seine Seele von der Außenwelt abzuschließen und sie zu erhalten. Wie ein Heiliger kann er zu den Fischen predigen und mit den Tieren reden.«

Der Lyriker und Essayist Peter Rühmkorf schließlich verfasste 1999 eine sehr persönliche Hommage an Joachim Ringelnatz: »Wo in diesem fluidalen Berufe / ohnehin jeder jeden und jede beerbt / (also alles soweit im Fluss) / wünsche ich mir für die Tage nach Ladenschluss, / nein, keinen Ordensstern, keine Ehrenschleppe, / aber dass ihr vielleicht in die unterste Stufe / der Ringelnatztreppe / meinen Namen einkerbt. / (…) Hoch sollst du leben, / solange ich selbst eben noch lebe, / großer kleiner, / bis in den letzten Nervenstrich spinnwebfeiner / unübersetzbarer Mann!« Der Wunsch ging in Erfüllung: Seit Juli 2019 ziert der Name »Peter Rühmkorf« eine Stufe der Ringelnatztreppe in Hamburg.

Die Abendveranstaltungen, auf denen Ringelnatz in sächsisch gefärbtem Hochdeutsch selbst aus seinem Werk vortrug, waren denkwürdige Gesamtkunstwerke. Der Dramatiker Herbert Eulenberg aus dem Rheinland war nach dem Ersten Weltkrieg mehrmals dabei. »In der umwälzenden Zeit kurz nach dem Kriege, da seine Freunde ihm wirtschaftlich helfen wollten, richteten wir ihm in Düsseldorf einen Vortragsabend in einem Privathaus ein«, heißt es in seinen Aufzeichnungen. »Zum ersten Male wurden auch seine Bilder ausgestellt und mehrere von ihnen verkauft. Nach seinem Vortrag, wo er einige seiner Tragigrotesken darbot, zeigte man ihm die Dame, die sich der Mühe unterzogen hatte, den Abend zu arrangieren. Wie ein glückliches Kind stürzte er auf die Straße hinaus, um sich ein paar Blumen für seine Gönnerin zu verschaffen. Es war nah an Mitternacht und alle Läden längst geschlossen. Nur die Apotheke war noch offen. So nahte er sich denn nach einiger Zeit und überreichte der Veranstalterin des Abends mit fremdartigen, zierlich-verlegenen Wendungen ein Päckchen, in dem sich Odol und Seife befand.«

Seinen geliebten Rossen der Meere konnte er nichts Materielles schenken. Dafür hat er sie sehr oft gezeichnet, gemalt sowie in Gedichten und Skulpturen hochleben lassen. In seinem Gemälde *Aquarium* aus dem Jahr 1924 etwa schweben zwei Rosse der Meere, einander zugewandt und die Greifschwänze sanft um Seegrashalme gewickelt, wie Schimmer der Hoffnung über traurig dreinschauenden anderen Fischen, die ihre Flossen verzweifelt gegen die dicke Glaswand des Beckens pressen. 1928, sechs Jahre vor seinem Tod, hat er ihnen eines seiner schönsten Gedicht gewidmet:

Seepferdchen

Als ich noch ein Seepferdchen war,
Im vorigen Leben,
Wie war das wonnig, wunderbar
Unter Wasser zu schweben.
In den träumenden Fluten
Wogte, wie Güte, das Haar
Der zierlichsten aller Seestuten,
Die meine Geliebte war.
Wir senkten uns still oder stiegen,
Tanzten harmonisch umeinand,
Ohne Arm, ohne Bein, ohne Hand,
Wie Wolken sich in Wolken wiegen.
Sie spielte manchmal graziöses Entfliehn,

Auf daß ich ihr folge, sie hasche,
Und legte mir einmal im Ansichziehn
Eierchen in die Tasche.
Sie blickte traurig und stellte sich froh,
Schnappte nach einem Wasserfloh,
Und ringelte sich
An einem Stengelchen fest und sprach so:
Ich liebe dich!
Du wieherst nicht, du äpfelst nicht,
Du trägst ein farbloses Panzerkleid
Und hast ein bekümmertes altes Gesicht,
Als wüßtest du um kommendes Leid.
Seestütchen! Schnörkelchen! Ringelnaß!
Wann war wohl das?
Und wer bedauert wohl später meine restlichen Knochen?
Es ist beinahe so, daß ich weine –
Lollo hat das vertrocknete, kleine
Schmerzverkrümmte Seepferd zerbrochen.

Trug Joachim Ringelnatz dieses Gedicht auf der Bühne vor, und es gehörte zu seinem Stammrepertoire bei Lesungen, tanzte er dazu so leichtfüßig, dass sich manche Leute im Publikum an ein im Wasser schwebendes Seepferdchen erinnert fühlten.

Den Aufstieg der Nationalsozialisten nahm der Dichter und Kabarettist lange nicht ernst. »Der Hitler-Rummel lässt mich kalt«, schrieb er noch 1930 in einem Brief. Im selben Jahr erreichte die NSDAP bei den Reichstagswahlen bereits 18,3 Prozent der Wählerstimmen und wurde zweitstärkste Partei. Drei Jahre später erteilten ihm die Nazis erste Auftrittsverbote. Die meisten seiner Bücher wurden beschlagnahmt oder verbrannt. Joachim Ringelnatz und seine Frau Leonharda, die er »Muschelkalk« nannte, verarmten. Er erkrankte an Tuberkulose. Freunde organisierten eine

Spendenaktion, um die Behandlung in einem Erholungsheim zu finanzieren. Aus Angst vor NS-Spitzeln verständigte er sich im Sanatorium Beetz-Sommerfeld in Brandenburg mit seiner Frau nur mehr auf Englisch.

Am 17. November 1934 starb Joachim Ringelnatz in Berlin, er wurde nur einundfünfzig Jahre alt. Zu den unsterblichen Aphorismen des Dichters, der Seepferdchen so sehr liebte und selbst ein Lebenskünstler und *crazy horse* war, gehören: »Jeder spinnt auf seine Weise, der eine laut, der andere leise.« Und: »Sicher ist, dass nichts sicher ist. Selbst das nicht.«

14. Mein Freund, das Seepferdchen

Aquaristik

»Mein Hobby ist das Aquarium. Ich kann stundenlang diese Fische beobachten.« – »Und was sagt deine Frau dazu?« – »Ach, die interessiert es nicht, was ich den ganzen Tag im Büro mache.«
Mündlich überliefert

Eignen sich Seepferdchen als Haustiere? Viele Menschen würden das beschwören. »Manche geben ihren Seepferdchen Namen wie ›Poseidon‹, ›Fat Albert‹ oder ›Triton‹«, schreibt die Meeresbiologin Helen Scales aus Cambridge in ihrem Buch *Poseidon's Steed*. Andere würden mit ihren Rossen der Meere sprechen wie mit Kleinkindern, ihnen Lieder vorsingen oder weinen, wenn das geliebte Haustier sterbe. Viele Halter von Seepferdchen seien überzeugt, dass jedes dieser Tiere seinen eigenen Charakter habe: von faul über schüchtern bis hin zu unternehmungs- und streitlustig. Und in der Tat gibt es Unterschiede: Manche Seepferdchen schlingen ihren Greifschwanz um die Finger jedes Menschen, der das Becken sauber macht. Andere sind ängstlich und weisen Futter zurück, wenn es ihnen nicht von ihrem »Herrchen« oder »Frauchen« ins Wasser gegeben wird.

Die Ursprünge der menschlichen Zierfischhaltung liegen mehr als zweitausend Jahre zurück: Bereits Jahrhunderte vor unserer Zeitrechnung gab es in Lykien, im Südwesten der heutigen Türkei, erste »Hausfische«. Diese Flossentiere dienten nicht allein als Dekoration und Unterhaltung. Mit Flötenklängen wurden sie an die Wasseroberfläche gelockt und als Orakel befragt. Schnappten sie nach dargebotenem Futter, deutete man das als Zustimmung. Schubsten sie es hingegen mit der Schwanzflosse zur Seite, interpretierte man das als Nein.

Während der römischen Kaiserzeit dann (27 v. Chr. bis 284 n. Chr.) wurden in den Gärten fast aller Villen am Ufer des Mittelmeers künstliche Teiche angelegt und mit Salzwasser gespeist. Die Seebarbe, ein farbenprächtiger, etwa dreißig Zentimeter langer barschartiger Meeresfisch, dessen Gewicht mit Gold aufgewogen wurde, durfte in speziellen Becken sogar ins Haus. Und bereits Mitte des 1. Jahrhunderts wurden in Rom, Pompeji und Herculaneum erste Marmorwände der Salzwasserbecken durch Glasscheiben ersetzt. Nun konnten die Betrachter das Treiben der Meeresfische genauer beobachten, statt von oben nur schemenhafte Bewegungen zu erahnen.

Inzwischen halten Tierliebhaber auf der ganzen Welt unzählige Arten von Meeresbewohnern in Heimaquarien – auch mehr und mehr Seepferdchen. Ihren großen Durchbruch erlebten solche Wasserbecken im 19. Jahrhundert im viktorianischen England. Zu jener Zeit wollten Naturfreunde die marine Welt besser verstehen lernen, jenseits alter Legenden und Mythen. Der große Pionier war Philip Henry Gosse aus dem Städtchen Worcester bei Birmingham.

Im Alter von siebzehn Jahren segelte Gosse nach Neufundland, jobbte dort als kaufmännischer Mitarbeiter und sammelte als Hobby Insekten. 1839, mit neunundzwanzig Jahren, kehrte er nach England zurück, wo er weitere Naturstudien betrieb. Besonders das Meer und seine Bewohner begeisterten ihn zunehmend. Bald erforschte er Fische nicht nur in der Natur, sondern auch zu Hause in gläsernen, mit Salzwasser gefüllten Becken. Gosse war es auch, der 1854 den Begriff »Aquarium« prägte, in seinem gleichnamigen Buch mit hilfreichen Tipps, wie man sich als Freund der Meere zu Hause seinen eigenen Miniozean einrichten könne. Das Buch wurde ein Riesenerfolg. Immer mehr Leute versuchten, Meerestiere zu fangen und in Wasserbecken zu halten. »England wurde Gosse-ifiziert, ganze Familien auf einmal«, schrieb das britische Magazin *The Atlas* 1856.

Bereits drei Jahre zuvor, im Mai 1853, war in London das erste öffentliche Großaquarium ins Leben gerufen worden: Mehr als vierhundert Arten beherbergte das London Fish House. Philip Henry Gosse hatte die Tiere höchstpersönlich an der Küste von Devon gefangen und in die Hauptstadt verfrachtet. Auch Seepferdchen wurden in diesem Aquarium bald darauf erstmals öffentlich ausgestellt: 1859 brachte ein gewisser Herr Pinto aus Portugal in einem Goldfischglas mit Meerwasser einige Rosse der Meere aus dem Mündungsgebiet des Tejo, unweit von Lissabon, wohlbehalten nach London: nach sieben Tagen Zugreise, während deren er das Salzwasser immer wieder mithilfe einer Spritze mit Sauerstoff angereichert hatte. Schnell erlangten diese Tierchen Kultstatus.

Weitere Großaquarien wurden eröffnet, mehr und mehr Fachmagazine für Aquaristik gegründet – und die Faszination für die Rosse der Meere nahm immer gewaltigere Dimensionen an: Als 1866 in Paris, im Jardin d'Acclimatation, Seepferdchen einzogen, meldete das sogar der *Glasgow Herald* im fernen Schottland. Die Seepferdchen aus dem Zoo in Brüssel wiederum wurden von einem Reporter des *Daily Telegraph* aus London 1869 liebevoll als faszinierende Kreaturen beschrieben, »mit kratzbürstigen Mähnen und einem Motor im Leerlauf, der stark dem Schwungrad einer Spieluhr ähnelt«. Und 1873 meldete ein britisches Blatt, Seepferdchen seien in der Hauptstadt sowohl die »Helden des Aquariums« geworden als auch »das Haustier der Londoner Ladys«.

Natürlich war die Begeisterung der Weltpresse groß, als im Aquarium von Manchester eine Herde Seefohlen geboren wurde – die wohl ersten Seepferdchenbabys überhaupt, die außerhalb des Meeres das Licht der Welt erblickten. In öffentlichen Aquarien in Scarborough, Brighton und auch Hamburg schwangen sich Seepferdchen in viktorianischer Zeit ebenfalls zu Publikumsmagneten auf. Über ihre Lebensweise war jedoch noch wenig bekannt. »Sie haben keine Hände, um sie gegenseitig zu schütteln«, berichtete ein Reporter. »Daher schütteln sie einander die Schwänze.«

Immer mehr Menschen erlagen in der zweiten Hälfte des 19. Jahrhunderts der Leidenschaft für Zierfische und schafften sich selbst ein Aquarium an. Allerdings waren die künstlichen Ökosysteme schwieriger zu pflegen und am Leben zu erhalten, als es Philip Henry Gosse in seinem Buch beschrieben hatte. In großbürgerlichen Haushalten mussten sich meist Bedienstete um deren Pflege kümmern und etwa aus den Becken entlaufene Krebse wieder einfangen. »Sie glauben ernsthaft, sie würden ihren Horizont erweitern«, beschwert sich im Roman *The Moonstone* von Wilkie Collins denn auch ein Butler über die Aquarienbesitzer. »Dabei ist die platte Wahrheit, dass sie nur ein Chaos in ihrem Haus erzeugen.«

Dennoch blieben Laien wie weltberühmte Forscher Aquarienfans. Der Zoologe Konrad Lorenz aus Wien etwa, Begründer der vergleichenden Verhaltensforschung und Nobelpreisträger für Medizin, war ein großer Freund dieser künstlichen Ökosysteme: »Man kann stundenlang davor sitzen und sich in Gedanken verlieren«, schrieb er 1983 noch in hohem Alter. »Und man lernt sogar dabei. Würfe ich in die Schale einer Waage alles, was mir in solchen Stunden der Meditation vor dem Aquarium an Einsicht zuwuchs, und in die andere, was ich aus Büchern gewann – wie hoch schnellte diese empor.«

Selbst modernste Technik kann die natürlichen Bedingungen für Seepferdchen und andere Fische im Meer allerdings nur bedingt simulieren. Daher sind die Haltung von Zierfischen und das Nachzüchten in Aquarien nichts für schwache Nerven. Doch Leidenschaft machte zum Glück schon immer erfinderisch – in West und Ost. »Waren bei uns damals keine Hippos zu sehen«, erinnert sich der Biologe und ehemalige Aquariumsleiter Karl-Heinz Tschiesche aus Prohn bei Stralsund an die DDR-Zeiten, »machten die Besucher unsere Mitarbeiter verrückt.« Viele Kinder und Erwachsene bestaunten die Rosse der Meere im Aquarium sogar noch begeisterter als die Haie, sagt er.

Mitte der 1960er-Jahre war in Stralsund in Mecklenburg-Vorpommern das größte Meeresaquarium der DDR eröffnet worden. Jedes Jahr zog es mehrere Hunderttausend Besucher aus ganz Ostdeutschland an. Karl-Heinz Tschiesche übernahm die renommierte Institution, die zum Deutschen Meeresmuseum Stralsund gehörte, 1972. Für mehr als dreißig Jahre. Erst 2003 ging er in Pension. »Und Seepferdchen gehörten die ganze Zeit über zu unseren Hauptattraktionen.« Vor und nach dem Mauerfall.

Der Alltag im Aquarium war nicht einfach. »Zu DDR-Zeiten mussten wir gerade Seepferdchen sehr teuer einkaufen«, erzählt Karl-Heinz Tschiesche. Das Fachgeschäft Zoologica in Ostberlin war die einzige Tierhandlung in der ganzen DDR, die regelmäßig auch tropische Spezies im Angebot hatte. Rosse der See kosteten dort mindestens sechzig bis siebzig Ost-Mark pro Exemplar. Doch nicht nur genügend Bargeld brauchte Tschiesche, um den Besuchern des Aquariums attraktive Meeresbewohner präsentieren zu können. Selbst die benötigten Glasscheiben galt es auf abenteuerliche Weise zu beschaffen. Das dickste in Ostdeutschland produzierte Glas hatte eine Stärke von acht Millimetern, erinnert sich Tschiesche: »Zu dünn und instabil für die Becken im Aquarium, die Tausende Liter Wasser fassen mussten.« Und Glas in größeren Stärken aus dem Nichtsozialistischen Wirtschaftsgebiet (NSW) – also aus dem Westen – zu importieren, war undenkbar, schon weil die Preise dort viel zu hoch waren für das Budget.

Der Glasgroßhandel Leipzig importierte aus der Tschechoslowakei zumindest gelegentlich zwölf Millimeter dicke Glasplatten. Aber in viel zu geringer Stückzahl für Karl-Heinz Tschiesches Bedürfnisse. »Die Tschechen verkauften ihr Glas damals lieber gegen harte Währung in den Westen«, berichtet er. Sein großes Glück: Einer der Mitarbeiter bei der Importfirma aus Leipzig war Hobbyaquarianer, in seinem Partykeller stand ein großes Meerwasseraquarium, allerdings fast ohne Tiere. »Und wir ließen durchsickern, dass wir Korallenfische ›devisenfrei‹ besorgen könnten«, erzählt Tschiesche. Der ehemalige Aquariumsleiter erinnert sich noch genau an den Anruf des Mannes aus Leipzig, damals, Mitte der 1970er-Jahre. »Hallo, Herr Tschiesche, hier ist Rolf. Am Freitag kommt ein Glastransport nach Stralsund. Wann kriegt ihr die Fische? Rufen Sie einfach an, ich komme gleich hoch.«

Auch mit dem Glas aus Leipzig waren Tschiesche und seine Kollegen allerdings noch nicht aus dem Schneider. Denn Meerwasseraquarien benötigen viel Technik, die aggressivem Salzwasser standhalten muss. Umwälzpumpen etwa und Eiweißabschäumer zur Entfernung von Schadstoffen. Geräte, die in Ostdeutschland damals nicht erhältlich waren. »Einen kleinen Abschäumer konnten wir schließlich als Modell über Umwege aus dem Westen beschaffen«, erinnert sich der ehemalige Leiter des Aquariums von Stralsund. »Unsere geschickten Mitarbeiter haben ihn dann einfach in der benötigten Größe nachgebaut.« Geeignete Kondensatoren gab es auch im Osten zu kaufen. Und unter anderem halfen ein umgebauter Haarföhn und Kunststoff für Prothesen aus Zahnarztpraxen beim Konstruieren des Kreisels für die Umwälzpumpen. »Sie leisteten beste Dienste, solange es die DDR als Staat gab, und kein Tierpfleger kam jemals zu Schaden.« Bis heute ist Tschiesche stolz auf alles, was bei der Erweiterung des Aquariums Mitte der 1970er und in den 1980ern geleistet wurde. »Etwa vierzig kleinere, mittelgroße und große Becken mit bis zu 50 000 Litern

Inhalt, gefüllt mit bestem Nordseewasser und der interessanten Flora und Fauna kalter und tropischer Meere, waren das Ergebnis.«

Beim Kauf von Seepferdchen erwarb das Aquarium meist fünf oder sechs Tiere auf einmal, erinnert sich Tschiesche. Ein großes Plus in Stralsund: Hatte die Zoohandlung in Ostberlin einmal nicht die gewünschten Meerestiere, konnte Karl-Heinz Tschiesche auf persönliche Kontakte zu den Besatzungen ostdeutscher Handelsschiffe wie der *Edgar André* und der *MS Eichsfeld* bauen. »Wir statteten die Crews mit Bordaquarien aus. Und in der Freizeit fingen Matrosen während ihrer oft langen Liegezeiten in den Häfen tropischer Meere wirbellose Tiere oder Korallenfische, die sie ›ihrem‹ Meeresmuseum stets als Geschenke übergaben. Ein Matrose, der häufig auf der Route nach Kuba unterwegs war, brachte regelmäßig selbst gefangene Seepferdchen mit. Das waren Zeiten!«, sagt der ehemalige Aquariumsleiter und lächelt.

Häufig kamen im Aquarium Seepferdbabys zur Welt. »Je nach Art waren es oft Hunderte von Neugeborenen«, erinnert sich Tschiesche. »Sie kamen schubweise aus der Bauchtasche des Vaters, wie Wolken.« Lange glückte es ihm und seinen Kollegen allerdings nicht, Jungtiere großzuziehen. Erst als ein gelernter Pferdezüchter aus einem mecklenburgischen Gestüt im Aquarium als Mitarbeiter anheuerte und die Sache in die Hand nahm, ging es aufwärts. Dieser Fachmann für Pferde schaffte nämlich das Kunststück, die tropischen Salinenkrebschen, die im Aquarium als Babyfutter verwendet wurden, mit gezüchteten Grünalgen zu mästen, sodass sie nahrhafter wurden und den Seepferdchenbabys besser schmeckten. Von einem Wurf gelang es ihm, mehr als dreißig Tiere großzuziehen. »Ich glaube, das war die erste gelungene Seepferdchennachzucht in der ganzen DDR – auf die noch viele weitere folgten«, sagt Tschiesche.

Und heute? Die Faszination für die Rosse der Meere und für

Aquarien hält an. Insbesondere in den USA feiert man in Großaquarien mancherorts tolle Zuchterfolge: Am Birch Aquarium in San Diego etwa pflanzten sich seit Mitte der 1990er-Jahre mehr als ein Dutzend unterschiedliche Seepferdchenarten erfolgreich fort. Über dreitausend Tiere konnten bereits an insgesamt fünfundsechzig andere öffentliche Aquarien abgegeben werden.

Auch in Europa gibt es Fortschritte: In Österreich beispielsweise wurden intensive Forschungsarbeiten zur Lebensweise und Ernährung der tropischen Langschnäuzigen Seepferdchen durchgeführt. »Jetzt ist *Hippocampus reidi* praktisch ein Haustier«, sagt Daniel Abed-Navandi, stellvertretender Direktor am Haus des Meeres in Wien. »Und die Lebensdauer dieser Tiere in Aquarien hat sich vervielfacht: von ursprünglich zwei auf mittlerweile bis zu acht Jahre.« Auch andere Zoo-Aquarien orientieren sich bereits an den Nachzuchtmethoden und Haltungsempfehlungen aus Wien. »Wir erzeugen unsere eigene Plankton-Nahrungskette, die aus hochwertigen Mikroalgen und davon fressendem Mikro-Zooplankton besteht«, erzählt der Biologe. »Diese Ruderfußkrebse (*Copepoden*) und Rädertiere (*Brachionus*) wiederum werden dann an die neugeborenen Seepferdchen verfüttert, in einem turbulenzfreien Plankton-Kreiselaquarium, der das offene Meer simuliert.« Dort wachsen die Jungtiere heran, bis sie nach mehreren Wochen zum Bodenleben übergehen und langsam an die Erwachsenennahrung gewöhnt werden können, die vor allem aus tiefgekühlten Schwebegarnelen besteht.

Von Zeit zu Zeit werden Seepferdchen aus dem Wiener Haus des Meeres in die weite Welt verschickt. »Als 2014 die internationale Zoo-Community anfragte, ob man Tiere entbehren könne, um sie nach China zu entsenden, war das natürlich eine besondere Ehre«, erzählt Daniel Abed-Navandi. Der Ocean Park von Hongkong baute eine neue Seepferdchenanlage und war auf der Suche nach in Aquarien geborenen Tieren. Mit einem für zwei

Tage ausreichenden Wasser- und Sauerstoffvorrat versehen, wurden fünfzehn tropische Langschnauzen-Seepferdchen aus Wien in Plastikbeutel verpackt und mit dem Flugzeug nach Hongkong verschickt: aus einem Binnenland in eine der Regionen der Welt, in denen Seepferdchen zwar im Meer vorkommen, aber immer seltener werden. Vielleicht ja ein Symbol der Hoffnung für das Überleben der Rosse der Meere dieser Welt.

Fest steht, dass öffentliche Aquarien eine gute Werbung für Wohnzimmeraquarien sind. Allein in Deutschland haben bereits rund zwei Millionen Menschen ein solches Becken zu Hause. In den USA ist der Boom noch größer: Die Haltung von Zierfischen ist in Nordamerika das zweitpopulärste Hobby, direkt nach der Fotografie. Und bei mindestens 700 000 der privaten Becken handelt es sich in den USA um Meerwasseraquarien, obwohl diese schwerer zu pflegen sind als Süßwasserbecken.

Gerade die Rosse der Meere gelten als heikel und fordernd. Denn beinahe rund um die Uhr lechzen sie nach Planktonorganismen. Manche Arten lassen sich daran gewöhnen, auch die Brut einfach zu züchtender Fische wie Tilapia zu verzehren. Günstiger aber ist ein Mix aus unterschiedlichen winzigen Krebstieren. Auch was Temperatur, Lichtverhältnisse und den PH-Wert des Wassers betrifft, sind Seepferdchen anspruchsvoll. Ihr Verdauungsapparat ist klein und simpel gebaut. Vieles wird gleich wieder ausgeschieden. Daher müssen ihre Becken sehr oft sauber gemacht werden. Der Unterwasserfotograf und Seepferdchen-Fachmann Rudie H. Kuiter aus Melbourne macht Interessenten dennoch Mut: »Außer vereinzelten Arten, die besonders stark auf ihren Lebensraum im Meer fixiert sind, lassen sich Seepferdchen von ernsthaften Aquarianern durchaus pflegen.«

Wie schon der frühe Pionier der Aquaristik, Philip Henry Gosse, wusste, sind Seepferdchen allerdings anfällig für so manche Krankheit. Man sollte zum Beispiel regelmäßig überprüfen, ob die Rosse der Meere im Becken »keuchen« oder ob sie sich – etwa wegen einer Hautinfektion – an der Scheibe des Aquariums reiben. Hängen ihre Flossen herab, ist das auch oft ein Hinweis auf eine Erkrankung. Kollabiert ihre Luftblase, taumeln sie hilflos auf den Grund des Beckens hinunter. Und bei Männchen können sich Luftblasen im Brutbeutel festsetzen, was die Tiere wie Tischtennisbälle auf der Wasseroberfläche schaukeln lässt.

Kranke Seepferdchen zu behandeln, ist eine Herausforderung. Zumal diese Fische nur sehr schwach dosierte Medikamente vertragen. Einige spezialisierte Fisch-Tierärztinnen wie etwa Sandra Lechleiter aus Neuenbürg im Schwarzwald wissen Rat. »Der Trend geht eindeutig zum Fisch als Gefährten«, sagt die Veterinärmedizinerin erfreut. Mehr und mehr Herrchen und Frauchen bauen eine enge Beziehung zu ihren Fischen auf, beobachtet sie. »Wie andere Tierfreunde zu ihrem Hund oder ihrer Katze.« Da bestehe dann auch die Bereitschaft, einen oft nicht ganz billigen Arztbesuch zu finanzieren. Lechleiter bietet zudem Hausbesuche an, im Umkreis von bis zu 250 Kilometern.

Kann man als Greenhorn Seepferdchen im Aquarium halten? Oder sollte man besser erst mit weniger heiklen Fischen Erfahrungen sammeln? Eigentlich sei das alles gar nicht so kompliziert, sagt zumindest die Seepferdchenflüsterin Elena Theys aus Visselhövede bei Bremen: Man brauche ein rund 200 Liter fassendes Becken und eine gute Quelle für Futter. »Lebendfutter ist nur bei Zwergseepferdchen sowie bei allen Wildfängen erforderlich.« Bei allen anderen Arten werde es aber als gelegentlicher Snack gerne gesehen. »Und wichtig ist richtig gutes Frostfutter, insbesondere Schwebegarnelen (*Mysis*), die man gelegentlich mit Vitaminen aufwerten sollte«, sagt die erfahrene Züchterin und Meerestierhändlerin.

Darüber hinaus seien ein guter Eiweißabschäumer und »Haltegriffe« für die Tiere Pflicht. »Viele Seepferdchen benötigen Steine,

Korallen oder Höhlen, andere nehmen, um sich festzuklammern, auch Kunststoffrohre gerne an.« Und schließlich müsse man etwa drei Stunden pro Woche zum Füttern und Putzen aufbringen können, sagt die Expertin. »Das war's auch schon.« Sogar viel beschäftigten Liebhabern dieser Tiere macht sie Mut: »Im Gegensatz zur gängigen Meinung können gut genährte, ausgewachsene Seepferdchen auch mal ein Wochenende ohne Futter zurechtkommen. Das sollte nicht die Regel sein, ist aber als Ausnahme okay.«

15. Viagra mit Flossen
Seepferdchen als Medikament

»Man kann die Erkenntnisse der Medizin
auf eine knappe Formel bringen:
Wasser, mäßig genossen, ist unschädlich.«
Mark Twain

Die Zollfahnder am Flughafen Brüssel sind so manches gewohnt: von Drogen- über Diamanten- bis hin zu Waffenschmuggel. Anfang Juni 2017 aber hatten sie es plötzlich mit illegalen Fischen zu tun. Im Gepäck dreier chinesischer Staatsbürger fanden sie 2063 getrocknete Seepferdchen. Als Rohstoff für Heilmittel der Traditionellen Chinesischen Medizin (TCM) hatte das Schmuggelgut einen Gesamtwert von rund 20 000 Euro.

Die drei Männer aus China waren auf der Durchreise von Sierra Leone nach Peking in Brüssel zwischengelandet. In Afrika hätten sie als Fischer gejobbt, beteuerten sie. Dabei sei ihnen aufgefallen, dass die dortigen Fischer gefangene Seepferdchen wegwerfen würden, obwohl diese in China wertvoll seien. Im Laufe von zwei Jahren hätten sie die gut zweitausend Seepferdchen eingesammelt, um sie in der Heimat mit ihren Verwandten zu teilen. Es kam zu einem Gerichtsverfahren. »Ungebildete Fischer, die nichts von internationalen Verträgen wissen«, argumentierte die Verteidigung. »Sie hatten keine Ahnung, dass sie etwas Falsches tun.« Die belgische Staatsanwaltschaft hielt dagegen: Alles Lüge! Die Angeklagten seien bereits mit dem Ziel nach Sierra Leone gereist, Seepferdchen für den Schwarzmarkt zu beschaffen. Schließlich wurden die Männer zu je fünfzehn Monaten Gefängnis verurteilt, die Hälfte davon auf Bewährung.

Was nach einem skurrilen Einzelfall klingt, ist gleichsam nur die Spitze des Eisbergs. Beim globalen Handel mit getrockneten Seepferdchen handelt es sich um ein gigantisches Business: Am Mittwoch, den 26. Juni 2019, beschlagnahmten die chinesischen Behörden im Hafen von Qingdao, einer Millionenstadt am Gelben Meer, 1,2 Tonnen geschmuggelte Seepferdchen. Geschätzter Gesamtwert: umgerechnet etwa 1,8 Millionen Euro. Die verbotene Ladung wurde bei einer Routinekontrolle von Containern entdeckt, die aus Peru nach China verfrachtet worden waren. Dabei gehört Peru zu den 183 Nationen, die das internationale Artenschutzabkommen CITES unterschrieben haben, das den Export von Seepferdchen offiziell stark einschränkt (vgl. Kapitel 19). Doch für die Traditionelle Chinesische Medizin werden riesige Mengen dieser Flossentiere benötigt, und getrocknete Seepferdchen erzielen auf Märkten in Bangkok oder Hongkong einen Preis von umgerechnet bis zu 3000 US-Dollar pro Kilogramm – mehr als das Dreifache des aktuellen Weltmarktpreises für Silber.

In Suppen, Tees oder Reiswein serviert, sollen zu Pulver gemahlene Seepferdchen das Leben verlängern und gegen Nervosität helfen. Auch bei Kurzatmigkeit, Schmerzen, Asthma, Inkontinenz, Magenbeschwerden oder Arteriosklerose versprechen TCM-Apotheker Linderung durch Seepferdchenmedizin. Zur Heilung von Knochenbrüchen ebenso wie bei Pusteln und Geschwüren, zur Behandlung offener Wunden, bei Erkrankungen der Leber oder der Nieren und bei Entzündungen des Rachenraums. In erster Linie aber gilt Seepferdchen als Wundermittel zur Stärkung der männlichen Potenz: als eine Art Viagra mit Flossen. Ein besonders lukrativer Markt. Mehr als 1,5 Milliarden Menschen vertrauen weltweit auf die Traditionelle Chinesische Medizin, schätzt die Weltgesundheitsorganisation WHO. In China sind solche Arzneien – viele auf pflanzlicher, andere auf tierischer (oder pflanzlicher und tierischer) Basis – so alltäglich wie hierzulande Halswehtabletten oder Paracetamol.

Der wichtigste Umschlagplatz für getrocknete Seepferdchen ist Hongkong. Millionen dieser Tiere werden dort Jahr für Jahr gehandelt. Das Stadtviertel Sheung Wang gilt dabei als Epizentrum: In den engen Straßen drängen sich Lieferwagen und Menschen mit Schubkarren, die überladen sind mit Schachteln voller getrockneter Pilze, Kräuter, Beeren – und eben Seepferdchen. Oft werden die Rosse der Meere in Plastikkisten wie Löffel gestapelt.

Für TCM-Apotheker sind sie ein wertvoller Rohstoff. Und Lobbyisten dieser Heilkunst verweisen auf deren jahrtausendelange Tradition: Ihr Begründer, der »Göttliche Bauer« Shen Nong, soll vor rund fünftausend Jahren in den Bergen von Zentralchina Heilpflanzen gesammelt und deren Wirkung in Selbstversuchen getestet haben. Sein Name ziert das erste Fachbuch zur TCM, das *Shennong Bencaojing*. In Wirklichkeit aber, fanden Historiker heraus, waren wohl Gelehrte aus der Han-Dynastie (206–220 n. Chr.) die Verfasser dieses Werks – mehr als dreitausend Jahre nach dem Tod des angeblichen Begründers der TCM. Pflanzen, Pilze, Würmer, Schlangen und Tausendfüßler werden darin als Heilmittel klassifiziert. Seepferdchen dagegen nicht.

Erst ein weiteres halbes Jahrtausend später, im Jahr 793 n. Chr., fanden Rosse der Meere erstmals in einem chinesischen Heilkräuterbuch Erwähnung. Sie werden darin als »süß und warm« beschrieben und zur Kräftigung der Nieren empfohlen. Diese Charakterisierung findet sich auch in einem wichtigen Grundlagenwerk zur TCM aus späterer Zeit, dem *Bencao Gangmu* aus dem 16. Jahrhundert, das als Lebenswerk des chinesischen Mediziners Li Shizen gilt. Fast zweitausend natürliche Arzneien nahm er in sein Buch auf, darunter auch Seepferdchen. »Süßer Geschmack«, notierte auch er zu den Rossen der See, sowie positive Auswirkungen auf die Nierenfunktion. Zudem helfe Seepferdchen auch gegen eitrige Entzündungen auf der Haut und erleichtere schwangeren Frauen die Geburt.

Alles Aberglaube? Alles ganzheitlich!, entgegnen Anhänger der TCM. Nach ihrer Überzeugung wirkt nämlich eine geheimnisvolle Lebensenergie namens Qi im menschlichen Körper wie im Universum und verursacht den ständigen Zyklus von Werden, Wandlung und Vergehen. Zugleich soll der Fluss des Qi das harmonische Zusammenwirken der einander komplementären Prinzipien Yin und Yang gewährleisten. Geraten die Energieflüsse und Elemente im Körper aus dem Lot, werde der Mensch krank.

Anspruch der Therapie ist es, die Wurzeln der Krankheit zu beseitigen. Angestrebt wird also eine ganzheitliche Heilung, nicht nur eine Behandlung von Symptomen. Eine individuell zusammengestellte Medikation aus pflanzlichen und tierischen Wirkstoffen – wie eben pulverisierten Seepferdchen – soll den Heilungsprozess fördern. Und immer mehr Menschen schwören darauf.

Dabei schien die Traditionelle Chinesische Medizin vor fast hundert Jahren bereits am Ende: 1929 befahl Mao Tse-tung, die Rote Armee solle »alle schamanischen Traditionen und Aberglauben ausmerzen«. Doch im Zuge der Machtergreifung der Kommunisten, Ende der 1940er-Jahre, wurde Mao bewusst, wie stark die Bindung sehr vieler Menschen in China an die TCM war – und dass es, insbesondere für die vielen Armen im Reich der Mitte, keine Alternative zur (damals noch günstigen) Naturmedizin gab. Von der Pharmaindustrie hergestellte Medikamente aus dem Westen waren damals nur in Großstädten erhältlich und für die meisten Chinesen nicht erschwinglich.

1949 ruderte Mao offiziell zurück. »Die TCM ist eine großartige Schatzkammer«, verkündete er. »Wir müssen alles daransetzen, ihre Geheimnisse weiter zu entschlüsseln.« In der Folge kam es zu einem Revival dieser Art der Heilkunde. In den 1960er-Jahren rekrutierten die kommunistischen Machthaber sogenannte Barfußärzte. Sie veranstalteten Crashkurse, in denen neben Grundwissen aus der westlichen Medizin vor allem die TCM vermittelt wurde – und sandten die Absolventen in die ländlichen Gebiete Chinas aus. Von Dorf zu Dorf ziehend, sollten sie die medizinische Versorgung der Bauern verbessern. Noch heute arbeiten mehr als eine Million solcher Barfußärzte in den ruralen Gebieten des riesigen Landes. Unter anderem nutzen sie zur Behandlung ihrer Patienten getrocknete, zu Pulver gemahlene Seepferdchen.

Was aber taugt Seepferdchengewebe wirklich als Heilmittel? Im Körper von Gelben Ästuarenseepferdchen (*H. kuda*) wurden in Untersuchungen geringe Mengen des männlichen Geschlechtshormons Testosteron sowie der Aminosulfonsäure Taurin nachgewiesen, die auch in den Hoden von Stieren gebildet wird. Ein modernes chinesisches Handbuch zur TCM verweist auch auf Experimente, in denen weibliche Mäuse mit einem Alkoholextrakt aus Seepferdchen gefüttert wurden. In der Folge sollen die Eierstöcke dieser Nagetiere stärker gewachsen sein als diejenigen von Artgenossinnen, denen kein solches Spezialfutter verabreicht worden war. Das Seepferdchenextrakt habe zudem den Sexualzyklus der weiblichen Mäuse verlängert. Doch macht es das wahrscheinlicher, dass zu Pulver gemahlenes Seepferdchengewebe bei Menschen den Penis härten kann, Asthma bekämpfen oder das Haarwachstum anregen?

Britische Wissenschaftler der University of Plymouth stießen bei Recherchen in Datenbanken weltweit auf mehr als tausend Studien zur möglichen Heilkraft von Rezepturen aus der TCM. Gerade mal drei dieser Untersuchungen aber waren – so wie es die westliche, evidenzbasierte Medizin vorschreibt – als randomisierte Doppelblindtests durchgeführt worden, bei denen weder Arzt noch Patient wissen, ob sie das zu testende Präparat oder ein

Placebo vor sich haben. Eine der Doppelblindstudien ergab, dass TCM-Medikamente die Nebenwirkungen von Chemotherapien bei Krebs nicht besser abschwächen helfen als ein Placebo. Die Resultate der beiden anderen Untersuchungen ließen keine klaren Schlussfolgerungen zu.

Doch vielleicht führt die Frage nach potenten Einzelwirkstoffen ja auch in die Irre. Aufgrund des ganzheitlichen Ansatzes der TCM, argumentieren Befürworter, lasse sich die Wirksamkeit ihrer Heilmittel generell viel schwerer empirisch überprüfen als etwa diejenige einer Kopfwehtablette, die ausschließlich gegen diese Art Schmerz Linderung bringen soll. Denn nach der Lehre der TCM gehe es ja eben gerade nicht um die Bekämpfung einzelner Symptome, sondern darum, den ganzen Menschen gesund zu machen.

Die Meeresbiologin und Wissenschaftsautorin Helen Scales aus Cambridge hat sich bei den Recherchen zu ihrem Seepferdchensachbuch *Poseidon's Steed* auch mit der Traditionellen Chinesischen Medizin intensiv befasst. Besonders positiv wirken sich Seepferdchenmedikamente, nach der Lehre der TCM, auf die Nierenfunktion aus, erklärt Scales. Gemäß der westlichen Medizin besteht die Rolle dieses paarig angelegten Organs darin, das Blut zu filtern und Schadstoffe über den Urin auszuscheiden. Und in diesem Punkt gebe es Überschneidungen mit der chinesischen Medizin, so Scales. »Aus diesem Grund werden Seepferdchen in Asien etwa zur Behandlung von Inkontinenz eingesetzt.«

Gemäß der TCM haben die Nieren jedoch noch viele weitere wichtige Funktionen: Die über die Lungen aufgenommene Lebensenergie etwa, das sogenannte Qi, fließt entlang einer Meridianlinie direkt in dieses paarige Organ, wo es gespeichert wird. Von den Nieren aus wird es dann in andere Körperteile weitergeleitet. Sind die Nieren aber zu schwach, lehrt die traditionelle Heilkunst aus China, so haben sie keinen guten Zugriff auf das Qi aus den Lungen. Vor diesem Hintergrund sei es wenig verwunderlich, dass getrocknetes Seepferdchen nach der Lehre der TCM – durch Stärkung der Nieren – indirekt auch Kurzatmigkeit oder Asthma lindert, erklärt Scales.

Auch dass Seepferdchenextrakte bei Impotenz hilfreich sein könnten, sei, wenn man an solche Bahnen des Energieflusses glaube, zumindest denkbar, schreibt die britische Wissenschaftsautorin: Denn beim Sex geht es, gemäß der TCM, um einen Austausch von Yin und Yang. Beim Geschlechtsverkehr gebe die Frau dem Mann Yin und der Mann der Frau Yang. Verfüge ein Mann also über zu wenig Yang, so sei er kein guter Liebhaber, erläutert Helen Scales das Prinzip – und die TCM versuche dann etwa mit Seepferdchenpulver nachzuhelfen.

Unstrittig ist: Als 1998 die synthetisch hergestellte Potenzpille Viagra auf den Markt kam, atmeten Tierschützer auf. Dank dieses (im wahrsten Sinne des Wortes) potenten Mittels aus der Pharmaindustrie würden müde Männer künftig auf Tigerpenisse, das Horn von Nashörnern, die Genitalien von Seehunden sowie Seepferdchen zur Stärkung ihres Schniedels verzichten, so die Hoffnung. Doch Fehlanzeige. Und selbst der Skandal, als Forscher Ende der 1990er-Jahre hohe Konzentrationen von Blei in TCM-Präparaten nachwiesen – Blei ist nachweislich schlecht für die männliche Potenz –, führte nicht zu einem Rückgang der Nachfrage.

Neben der TCM setzt auch die japanische Kampo-Medizin auf Seepferdchen zur Anregung der Libido. Und in der traditionellen Jamu-Medizin von Naturvölkern in Indonesien werden diese Tierchen sowohl gegen Impotenz als auch gegen Rheuma und Gedächtnisverlust eingenommen.

Haben die Menschen in Asien vielleicht einfach einen fatalen Hang zu Aberglauben und Esoterik? So einfach ist das nicht. Auch in Europa kann das Seepferdchen auf eine lange Karriere als

Heilmittel zurückblicken: Zur Zeit der Antike spielten die Rosse der See im Mittelmeerraum keineswegs nur in der Mythologie (vgl. Kapitel 5) eine Rolle. Pedanios Dioskurides, ein früher Pionier der westlichen Pharmakologie, der in Tarsus und Alexandria studiert hatte, veröffentlichte im 1. Jahrhundert das Lehrbuch *De materia medica*, das auch Seepferdchenrezepturen enthält. Dieses Grundlagenwerk wurde im ganzen Römischen Reich bekannt und blieb in Europa 1500 Jahre lang einflussreich. Dioskurides empfiehlt darin etwa, dass man sich gegen Haarausfall die Asche eines verbrannten Seepferdchens mit Gänsefett in die Kopfhaut massieren solle. Gegen Lepra wiederum wirke eine Mischung aus Seekuhfett, Honig und Seepferdchenasche.

In der Folge setzten weitere kluge Köpfe auf Seepferdchenmedikamente: Der Universalgelehrte Plinius der Ältere beispielsweise empfahl gegen Prostatabeschwerden gelbe Seepferdchen in Alkohol und gegen Impotenz schwarze Seepferdchen in Alkohol. Der Philosoph Claudius Aelianus wiederum propagierte Anfang des 3. Jahrhunderts zur Behandlung von Hundebissen pulverisierte Seepferdchen, gemischt mit Essig und Honig.

Bis in die frühe Neuzeit zieht sich die Tradition: Der Arzt und Naturforscher Conrad Gesner (1515–1565) aus Zürich schwor in der Renaissance auf das Gewebe von Seepferdchen: als Wundermittel gegen Fehlsichtigkeit, Haarausfall, Seitenstechen und Tollwut ebenso wie gegen Libidoschwäche und Inkontinenz. »Diese Thier angehenckt, sollen bewegen zu unkeuschheit. Item gedörrt, gepülvert und eingenommen, soll wunderbarlich helffen, denen so von wütenden Hunden gebissen sind«, schreibt er. Sowie: »Dieses Thier zu äschen gebrandt, mit starckem Essig aufgeschmiert, erfüllt die Kaalköpff, oder abgeflossen Haar. Das Pulver der gedörrten Meerpferd genossen, miltert das Seitenwehe, und in die Speiß genommen, hilfft denen so den Harn nit verhalten mögen.« Und noch im Jahr 1753 erfuhr die geneigte Leserschaft aus dem britischen *Gentleman's Magazine*, dass vornehme Damen in Italien ein Seepferdchengebräu nutzten, um die Qualität ihrer Muttermilch zu verbessern.

Erst im 19. Jahrhundert trat die Naturmedizin in Europa in den Hintergrund. Die Überzeugung, dass Krankheiten durch Keime verursacht werden, setzte sich durch, und synthetisch hergestellte Wirkstoffe gegen solche Erreger fanden zunehmend Verbreitung. Nur wenige Heilmittel aus pflanzlicher oder tierischer Quelle konnten sich halten.

Seepferdchen werden in der offiziellen westlichen Medizin heute nicht mehr genutzt. Weltweit aber ist der Bedarf größer denn je: Mindestens achtzig Länder sind derzeit in Fang, Handel und Verbrauch involviert, ergaben Recherchen der Meeresschutzorganisation Project Seahorse. Rund zwanzig Millionen Seepferdchen pro Jahr gelangen in den internationalen Handel, vor allem zur Verwendung in der TCM. Die globale Vermarktung über das Internet tut ein Übriges: Mehr und mehr zu Pulver zermahlene Rosse der Meere werden, oft mit anderen Substanzen vermischt, in Pillenform verhökert.

Dabei müsste das wahrscheinlich gar nicht sein: 2006 wurden in den USA im Rahmen einer wissenschaftlichen Studie 145 Ärzte, die nach den Prinzipien der Traditionellen Chinesischen Medizin arbeiten, zur Bedeutung der Seepferdchen für ihre Behandlungen befragt. Fast zwei Drittel der Mediziner gaben an, dass diese Tiere für die Heilwirkung ihrer Rezepturen nur sehr geringe Relevanz haben. Manche sagten gar, dass man die Rosse der Meere problemlos durch Elfenblumen (*Epimedium*), die Samen von Walnussbäumen oder menschliche Plazenta ersetzen könne. Nur zwei der befragten TCM-Ärzte in Nordamerika – also knapp 1,4 Prozent – gaben zu Protokoll, dass Seepferdchen für ihre Arbeit von entscheidender Bedeutung seien.

Und in Deutschland? Der aus China stammende TCM-Apotheker und Heilpraktiker Li Xu, der fünf Jahre lang in der Abteilung »Deutsches Zentrum für Traditionelle Chinesische Medizin« der Rehaklinik Johannesbad AG in Bad Füssing tätig war, berichtete im Sommer 2000 einem *mare*-Reporter, dass er »so alle zwei Monate« das Stärkungsmittel »Hai Ma« – Mandarin-Chinesisch für »Seepferdchen« – aus einer Fabrik in Tian Jing bei Peking bestelle: abgepackt in Flaschen zu je zweihundert Kügelchen. Li Xu war offenbar nicht der Einzige. Zwischen 1990 und 2000 soll sich die Menge der in jener Fabrik verarbeiteten Rosse der Meere fast verzehnfacht haben. Mittlerweile leitet Li Xu das TCM- und Akupunkturzentrum Huaxia in Trier. Unlängst betonte er gegenüber einem Journalisten der *Gießener Allgemeinen*: Seepferdchenpulver oder Nashornextrakte, »wie sie Gerüchten zufolge in vereinzelten TCM-Praxen ausgegeben werden«, gebe es bei ihm »auf keinen Fall«.

Anruf in Trier. Wie kam es zu diesem Gesinnungswandel? Warum in Bad Füssing mit Seepferdchen, in Trier aber ohne Seepferdchen? Li Xu schweigt. Dann scheint er sich einen Ruck zu geben. »Das ist wirklich eine sehr interessante Frage«, sagt er. »Aber ich habe jetzt Patienten. Bitte schicken Sie eine E-Mail mit Ihrer Frage. Falls ich Zeit habe, antworte ich.« Ende der Kommunikation.

Dachte ich. Am nächsten Vormittag eine E-Mail aus Trier. »Seit einigen Jahren« dürfe man in der EU keine aus Wildtieren gewonnenen Substanzen mehr aus China importieren und verwenden, schreibt Li Xu. Seit wann diese Regelung genau in Kraft sei, könne er leider nicht sagen. Interessant aber sein Tipp für die Praxis: »Als Alternative zu ›Hai Ma‹ kann man ja Ingwer und Zimt ergänzen«, schreibt der TCM-Experte. Allzu schwer scheint es also im Prinzip nicht zu sein, vom Seepferdchen wegzukommen.

Die hiesigen Fachgesellschaften für Traditionelle Chinesische Medizin sprechen sich schon lange gegen die Verwendung geschützter Pflanzen und Tiere aus, und deutsche Apotheken führen ausschließlich TCM-Arzneimittel, die keine Bestandteile gefährdeter Arten enthalten. Ob in manchen TCM-Praxen in Deutschland trotzdem noch zu Pulver gemahlene Rosse der Meere eingesetzt werden, ist ungewiss. Fest steht jedoch: Übers Internet kommen Interessierte auch hierzulande problemlos an einschlägige Präparate. Ein Onlineshop aus Düsseldorf beispielsweise vermarktet unter Produktnamen wie »Super Hard« oder »Goldener Seepferdchen« Potenzmittel, die unter anderem aus Rossen der See hergestellt werden. »Goldener Seepferdchen – ein legendäres Produkt zur Stärkung der traditionellen indonesischen Medizin«, heißt es (nicht nur grammatikalisch etwas eigentümlich) auf der Website.

Zudem fördere dieses Präparat auch eine Vergrößerung des Penis. Immerhin. Vielleicht verzichtet der eine oder andere Kunde ja im Gegenzug zumindest auf die Anschaffung eines präpotenten Sportwagens – und die Seepferdchenbehandlung für sein Gemächt hilft wenigstens dem Klimaschutz.

16. Von Seepferdchen lernen
Robotik & Co.

»I think the biggest innovations of the 21st century will be at the intersection of biology and technology. A new era is beginning.«
Steve Jobs

Die Menschheit produziert jede Menge Schrott – und das sogar im Weltall. Allein im niedrigen Orbit, bis zu einer Höhe von knapp 1000 Kilometern, rasen mehr als drei Millionen Kilogramm Müll um die Erde: ausgediente Raketenteile, Explosionstrümmer, havarierte Satelliten, Schraubenzieher sowie Abfallsäcke aus der russischen Raumstation Mir, die unter anderem gefrorene Fäkalien enthalten. Mehr als 22 000 Brocken mit einem Durchmesser von mindestens zehn Zentimetern, die mit einer Geschwindigkeit von bis zu 28 000 Stundenkilometern durchs All schießen.

Nun soll Mutter Natur dabei helfen, alles wieder sauber zu machen – genauer gesagt: Bionik. Wissenschaftlerinnen und Ingenieure wollen Phänomene aus der Natur als Vorbild für technische Innovationen nutzen. Forscher vom Swiss Space Center (SSC) der Eidgenössischen Technischen Hochschule in Lausanne lassen sich zum Beispiel von den Tentakeln der Seeanemonen zu Greifarmen für fliegende Roboter anregen, die dabei helfen sollen, den Schrott im Weltall wieder einzusammeln. Und auch um Probleme auf der Erde zu meistern, sucht die Menschheit Inspiration aus der Trickkiste von Meerestieren.

Manchen Forschern haben es die knöchernen Stützstrukturen von Fischflossen angetan: Drückt man mit dem Finger gegen solche Flossenstrahlen, drehen diese sich nämlich nicht weg, sondern biegen sich dem Finger entgegen. Ingenieure wollen den Fin Ray Effect (Flossenstrahl-Effekt) nun für die Konstruktion flexibler Gebäudeüberdachungen nutzen: zum Beispiel für Schwimmbäder, deren Dach bei gutem Wetter einfach beiseitegeschoben werden kann – sodass sich das Hallenbad in ein Freibad verwandelt.

Die Rosse der Meere dienen Designerinnen und Ingenieuren sogar gleich mehrfach als Modell: Um das Jahr 2000 untersuchten Experten aus Japan zum Beispiel, auf welcher Art Kissen sich Pendler in der Bahn am besten bei einem Nickerchen erholen. Dutzende unterschiedliche Polstertypen ließen sie testen. Am besten schnitten vierzig Zentimeter dicke Kissen in Seepferdchenform ab, auf denen sich die Probanden besonders gemütlich einkuscheln konnten. Die Entwickler der Polster verdienten sich dennoch keine goldene Nase. Die japanischen Eisenbahnen entschieden sich gegen einen Großankauf. Denn insbesondere für Männer, argumentierte ein Bahn-Sprecher, sei es in der Öffentlichkeit peinlich, sich an ein Seepferdchen zu klammern.

Gut möglich aber, dass der Greifschwanz der Rosse der Meere anderen Forscherteams den Weg zum wirtschaftlichen Erfolg weisen wird: Denn trotz seiner robusten Panzerung durch Knochenplatten lässt sich dieses Organ nicht nur nach vorne zu einer Spirale aufrollen, sondern (bis zu einem gewissen Grad) auch nach hinten und seitwärts. Erreicht wird die enorme Flexibilität unter anderem dadurch, dass die Knochenplatten, die an der gesamten Schwanzpartie durch filigrane Gelenke miteinander verbunden sind, übereinandergleiten können. Zudem weist der Seepferdchenschwanz eine spezielle Muskelstruktur auf, die ausschließlich bei diesen Fischen vorkommt: eine Kombination aus Rückenmuskeln, die zwischen parallel verlaufenden Strukturen aus Bindegewebe liegen und ein schnelles Zupacken ermöglichen, und hocheffizienten Bauchmuskeln, die den Griff über lange Zeit aufrechterhalten können.

Der knochige Panzer selbst dient als Puffer gegen Schläge und Erschütterungen. Experimente haben ergeben, dass sich die Knochenplatten dieses Exoskeletts um fast die Hälfte ihrer Ausdehnung zusammendrücken lassen, ohne dass sie splittern. Kein Wunder also, dass sich Materialforscher von der Biochemie des Seepferdchenpanzers zur Entwicklung von flexiblen und dennoch robusten Kunststoffen anregen lassen.

Roboterforscher wiederum wollen vom Design des Seepferdchenschwanzes lernen: Bei den meisten Rossen der See besteht er aus etwa sechsunddreißig länglichen Segmenten, die durch Gelenke miteinander verbunden sind. Das Besondere: »Normale« Greif- oder Wickelschwänze, etwa von Schimpansen, Eichhörnchen oder Makaken, haben einen runden oder ovalen Querschnitt. Der Querschnitt des langen, sich verjüngenden Hinterleibs der Seepferdchen dagegen ist quadratisch. Weshalb?, fragte sich der Ingenieurwissenschaftler Michael Porter von der Clemson University in Kalifornien. Um das zu überprüfen, stellte er gemeinsam mit Kollegen im 3-D-Drucker ein Modell des Seepferdchenschwanzes aus Kunststoff her und verglich dessen Leistungsfähigkeit mit derjenigen einer entsprechenden Konstruktion aus Elementen mit rundem Querschnitt.

Als die Forscher die beiden Modelle verdrehten, verbogen und mit einem Gummihammer auf sie einschlugen, stellten sie fest, dass der eckige Schwanz elastischer war als der runde und mehr Druck standhielt. Die eckigen Knochenplatten splitterten oder brachen selbst dann nicht, wenn der Schwanz auf 60 Prozent seiner Größe zusammengepresst wurde. Runde Knochenplatten dagegen erwiesen sich als deutlich instabiler. Der eckige Schwanz erschwert es Fressfeinden also, Seepferdchen zu zerbeißen.

Es war nicht der einzige Vorteil der quadratischen Schwanzform, der im Rahmen dieser Studie zutage gefördert wurde, die Porter und seine Kollegen im Juli 2015 in der renommierten Wissenschaftszeitschrift *Science* veröffentlichten: Beim Greifen bietet der eckige Schwanz zum Beispiel auch mehr Kontaktfläche als das Modell mit rundem Querschnitt und sorgt daher zum Beispiel an einer Metallstange für deutlich besseren Halt. Wird der eckige Schwanz verdreht, kehrt er zudem automatisch – ohne Energieaufwand – in die ursprüngliche Position zurück, sobald der Druck nachlässt. Auch dieser Mechanismus könnte dazu beitragen, das empfindliche Rückenmark von Seepferdchen zu schützen, wenn sie von Raubtieren gepackt werden, vermuten die Forscher um Michael Porter.

»Unsere Studie zeigt einerseits, dass technische Konstruktionen bequeme Mittel sind, um schwer fassbare biologische Fragen zu beantworten, wenn biologische Daten nicht vorhanden oder schwer zu erhalten sind«, schreiben die Wissenschaftler in *Science*. Zudem wolle man aber auch von der Natur für die Entwicklung neuer Technologien lernen. Denn für die Robotik sei der Klammerschwanz der Seepferdchen ein besonderer Glücksfall. »Ingenieure neigen dazu, Dinge zu bauen, die steif sind, damit sie sich leicht kontrollieren lassen«, erklärt der Roboterforscher Ross Hatton von der Oregon State University, der an Porters Forschungsprojekt mitgewirkt hat. »Die Natur dagegen konstruiert Dinge offensichtlich nur gerade stark genug, dass sie nicht zerbrechen. Dadurch bleiben sie flexibel genug, um eine breite Palette von Aufgaben zu erfüllen.«

Nach dem Vorbild des Greifschwanzes der Rosse der Meere sollen künftig zum Beispiel Roboter mit künstlichen Händen ausgestattet werden, die gleichzeitig supergeschickt und enorm robust sind. Manchen Ingenieuren schweben darüber hinaus vom Seepferdchenschwanz inspirierte Such- und Rettungsroboter vor, die wie Schlangen über die Erde kriechen und sich zusammenziehen können, um in enge Räume zu gelangen. Neuartige Bohrschächte für die Erdölförderung sollen entwickelt werden, Exoskelette zur Bewegungsunterstützung von Menschen mit Handicap, medizinische Geräte für die minimalinvasive Chirurgie – und eben Greifhände, die im All draußen Weltraumschrott einfangen. »Die besondere Panzerung wird es künftigen Technologien ermöglichen, gleichzeitig leichter und flexibler als traditionelle harte Roboter zu sein«, sagt Michael Porter, »und robuster und besser gefedert als ›weiche Roboter‹.« Alles nach dem Seepferdchenschwanz-Prinzip.

Auch in Asien wurde die Idee bereits aufgegriffen. Japanische Designer entschieden sich für eine wieder andere, völlig neue Anwendung: eine Erweiterung des menschlichen Körpers. Sie dachten dabei nicht etwa an eine Penisverlängerung – wie sie Onlineanbieter einschlägiger »Seepferdchenheilmittel« ihren Kunden in Aussicht stellen –, sondern an eine Verlängerung des Steißbeins: Ein Team um den Designer Junichi Nabeshima von der Keiō-Universität in Tokio hat den Roboterschwanz Arque entwickelt, den man sich mit einer Art Gürtel um die Hüfte schnallen kann.

Auf der Innovationsmesse Siggraph in Los Angeles wurde die Erfindung 2019 erstmals der Öffentlichkeit präsentiert: Etwas ulkig sieht der künstliche Schwanz aus, wie er am Körper des Trägers, auf Höhe der Lendenwirbel, hin und her wedelt. Doch Arque soll Wunder wirken. »Wie ein Pendel hilft er dabei, das Gleichgewicht zu halten«, erklärt Junichi Nabeshima im PR-Video zu seiner Erfindung. Die 71 Zentimeter lange Prothese besteht aus zwölf Kunststoffwirbeln, die über Gelenke miteinander verbunden sind und durch künstliche Muskeln angetrieben werden. Die Kontraktionen der Muskeln bewirkt ein Druckluftsystem mit einem externen Kompressor. Eine batteriebetriebene Weiterentwicklung ist bereits angedacht.

Bei sehr vielen Tieren spielen Schwänze für Statik, Dynamik und Gleichgewicht eine wichtige Rolle, führen die Arque-Entwickler im Video aus: Entsprechend könne der Roboterschwanz Menschen dabei unterstützen, die Balance zu bewahren, wenn sie etwa bei einem Umzug schwere Möbel schleppen müssten oder hohe Treppenstufen erklimmen. Oder er könnte alten Menschen beim Gehen mehr Sicherheit geben, quasi als Ersatz für einen Spazierstock oder Rollator.

Jeder der zwölf Wirbelkörper von Arque wiegt 84 Gramm und kann mit Zusatzgewichten aus Metall weiter beschwert werden. Insgesamt bringt die Balancierhilfe so bis zu 2,5 Kilogramm auf die Waage. Bewegt sich der Oberkörper seines Trägers nach links, schwingt der artifizielle Schwanz Arque nach rechts.

Vielleicht also muss das menschliche Steißbein, ein evolutionäres Überbleibsel, bald nicht mehr länger ein Stummel-Dasein fristen. Denn läuft es nach den Plänen seiner Erfinder, soll der künstliche Schwanz bald auch in virtuellen Realitäten zum Einsatz kommen: Als Gadget in Videospielen könnte er den Spielern, in Kombination mit sogenannten Virtual-Reality-Brillen, ein Ganzkörper-Feedback geben und ihnen dabei helfen, ihre Performance zu verbessern. Bisher gibt es Arque erst als Prototyp. Doch die Designer um Junichi Nabeshima planen bereits, ihre vom Seepferdchen inspirierten Roboterschwänze in unterschiedlichen Längen zu bauen, und streben die Marktreife an.

Ein überzeugendes Argument dabei: Arque könnte auch als Ergänzung von Exoskeletten hilfreich sein, wie sie in der Schwerindustrie bereits heute vielfach eingesetzt werden. Seit Querschnittsgelähmte vor einigen Jahren, unterstützt durch solche roboterähnlichen Systeme, wieder erste Schritte gingen, erlebt diese Sparte einen starken Aufschwung. Und Arque werde dem Forschungszweig nun zusätzliche Impulse geben, versprechen die Designer aus Tokio.

Auch in Deutschland nutzen viele Unternehmen bereits Exoskelette für ihre Mitarbeiter, schon weil sogenannte Muskel-Skelett-Erkrankungen in allen Berufen mit harter körperlicher Tätigkeit der häufigste Grund für Krankschreibungen und Frühverrentungen sind. Volkswagen etwa setzt in den Fertigungshallen sogar auf unterschiedliche Exoskelette, berichtete die *Technology Review* im Sommer 2019: Das Modell für Tätigkeiten in der Hocke, zum Beispiel das Montieren des Cockpits, lässt sich wie ein Rucksack anlegen und unterstützt und verstärkt die Bewegungen des Oberkörpers. Mitarbeiter, die schwer heben müssen, wiederum nutzen zur Entlastung ihrer Lendenwirbelsäule einen Exoskelett-Roboter, der weiter unten am Körper befestigt wird.

Zahlreiche weitere Autobauer sowie Logistikunternehmen und Pflegeeinrichtungen erproben ähnliche unterstützende Robotertechnologien, so die *Technology Review*. Die bisherigen Erfahrungen seien ermutigend. Schmerzen und Erschöpfung bei harter körperlicher Arbeit können auf diese Weise offenbar in vielen Fällen gesenkt werden.

Wenn die Designer aus Tokio recht behalten, werden Exoskelette zudem bald mit einer Arque-Applikation zur Verbesserung des Gleichgewichtssinns ausgestattet sein. Denn vom Seepferdchen lernen heißt siegen lernen: im Meer, an Land – und eines Tages vielleicht auch im All draußen, im Kampf gegen den Weltraumschrott.

17. Seepferdchen im Kopf
Der geheimnisvolle Hippocampus

»Vergib Deinen Feinden,
aber vergiss niemals ihre Namen.«
John F. Kennedy

Am 25. August 1953 verabreicht der Neurochirurg William Scoville in einem Krankenhaus der Stadt Hartford, im US-Bundesstaat Connecticut, einem Patienten eine örtliche Betäubung. Dann fährt er Henry Molaison mit dem Skalpell über die Stirn und rollt dessen Kopfhaut anschließend wie einen Teppich nach hinten. Mit einem Spezialwerkzeug bohrt er seinem Patienten zwei Löcher in die Schläfen. Behutsam entnimmt er die beiden Knochenpfropfen. Darunter pulst Molaisons Gehirn.

Der Mann auf dem OP-Stuhl ist 27 Jahre alt und kräftig. Ein vor der OP durchgeführter IQ-Test hat ergeben, dass er intelligent ist. Doch Henry Molaison leidet unter schwerer Epilepsie. Zuletzt waren die Anfälle so häufig und heftig geworden, dass sie sein Leben gefährdeten. Daher haben er und seine Eltern sich für die Operation entschieden. Der Chirurg hat ihnen erklärt, dass ausschließlich ein solcher Eingriff Linderung bringen könne. Möglicherweise. Die genauen Risiken kann auch Dr. Scoville nicht absehen.

Die Operation gelingt. Henry Molaisons Epilepsie ist danach wie weggeblasen. Doch er zahlt einen hohen Preis: Stattdessen leidet er in der Folge an einer massiven Gedächtnisstörung (Amnesie): Er kann sich an nichts aus den letzten zwei bis drei Jahren erinnern. Noch dramatischer: Er kann sich nur mehr merken, was die Gedächtnisspanne seines Kurzzeitgedächtnisses erlaubt. Sogar den Weg zur Toilette muss man ihm bis zu seinem Tod im Jahr 2008 jedes Mal wieder neu zeigen.

Bei der Operation hat der Neurochirurg die sogenannten Hippocampi aus Molaisons Gehirn entfernt: Areale, die nicht nur den lateinischen Namen für »Seepferdchen« tragen, sondern auch wie diese Tiere geformt sind. Der Ausfall von Nervenzellen in diesen in beiden Gehirnhälften vorhandenen Strukturen spielt bei epileptischen Erkrankungen oft eine zentrale Rolle, wusste William Scoville bereits in den 1950er-Jahren. In den letzten Jahrzehnten aber hat die neurowissenschaftliche Forschung immer deutlicher gezeigt: Diese Areale im Gehirn, deren Existenz bereits im 16. Jahrhundert entdeckt wurde, sind auch für das Erinnerungsvermögen von immenser Bedeutung sowie – als eine Art körpereigenes Navi – für die Fähigkeit zur räumlichen Orientierung.

Im Hippocampus fließen Informationen aus unterschiedlichen sensorischen Systemen zusammen, die dort verarbeitet und zur Großhirnrinde (Cortex) zurückgesandt werden. Das macht die Hippocampi so wichtig für die sogenannte Gedächtniskonsolidierung: die Überführung von Inhalten aus dem Kurzzeit- ins Langzeitgedächtnis. Menschen, bei denen beide Hippocampi entfernt oder zerstört wurden, können keine neuen Erinnerungen ausbilden. Weit zurückliegende Erinnerungen bleiben jedoch meist erhalten. Doch warum ist das so?

Der Hippocampus sehe nicht nur wie ein Ross der Meere aus, schreibt Ylva Østby, Neuropsychologin an der Universität Oslo und Co-Autorin des Sachbuchs *Nach Seepferdchen tauchen*, über das menschliche Gedächtnis und weist auf eine weitere Parallele hin: »So wie männliche Seepferdchen die Eier in ihrer Bauchtasche ausbrüten, bis die Nachkommen ins Meer entlassen werden und für sich selbst sorgen können, brütet auch das Seepferdchen in unserem Gehirn etwas aus: unsere Erinnerungen nämlich. Es behütet sie und hält sie fest, bis sie groß und stark genug sind, um selbst zurechtzukommen.« Der Hippocampus sei also nicht zuletzt ein »Brutapparat für Erinnerungen«.

Und auch nach diesem langwierigen Prozess sind die Hippocampi nicht aus dem Spiel. Denn beim Aufrufen von Erinnerungen kommt ihnen ebenfalls eine wichtige Funktion zu: Ohne diese Strukturen im Gehirn hätten wir nur eine dröge Enzyklopädie von Fakten im Gedächtnis – und keine mit Gerüchen, Emotionen und Geräuschen verbundenen, bis heute fühlbaren Erinnerungen, sagen Fachleute wie Eleanor Maguire, Professorin für Neurologie am University College London.

Eleanor Maguire ist eine der international führenden Gedächtnisforscherinnen und beschäftigt sich in erster Linie mit dem Hippocampus. In dieser Gehirnstruktur konnte sie in Experimenten sogar bereits das Aufflackern von Gedanken live beobachten. Während Testpersonen sich bestimmte Erinnerungen ins Gedächtnis zurückrufen sollten, verfolgte die Neurologin mithilfe der Magnetresonanztomografie (MRT), wie dabei in deren Hippocampi ein bestimmtes neuronales Aktivierungsmuster aufleuchtete. Vergegenwärtigten sich die Probanden andere Erinnerungen, kamen andere Muster zum Vorschein.

Was im Hippocampus genau geschieht, wird unter Fachleuten noch immer kontrovers diskutiert. Manche vertreten die Ansicht, dass dieses Areal ausschließlich die Aufgabe habe, Erinnerungen im übrigen Gehirn zu verankern. Viele Forscherinnen und Forscher sind inzwischen jedoch zu der Überzeugung gelangt, dass sein Einfluss auf unser Denken und Empfinden viel größer ist. Eleanor Maguire vertritt folgende Theorie: »Unsere Erlebnisse verschwinden tief im Inneren des Gehirns und verteilen sich über viele Hirnregionen, werden aber mithilfe des Hippocampus wieder aufgerufen. Wenn ein Erlebnis hinter einem liegt, wird es in kleine Stücke zerteilt und erst dann erneut zum Leben erweckt, wenn man die Erinnerung daran wieder aus dem Gedächtnis abruft.« Demnach sei der Hippocampus »entscheidend für die Rekonstruktion von Erlebnissen, um sie in seinem Inneren gedanklich noch einmal durchleben zu können«.

Unstrittig ist, dass der Hippocampus einer der wenigen Orte im Gehirn ist, an denen zeitlebens Neuronen gebildet werden. Diese neugeborenen Nervenzellen werden ständig in die bestehenden, komplizierten Schaltkreise des Hippocampus eingebaut. Und es gibt Hinweise darauf, dass Störungen bei der Neubildung dieser Neuronen mit Depressionen einhergehen.

Forscher haben zudem herausgefunden, dass manche Menschen größere Seepferdchen im Kopf haben als andere. Bei der Vermessung der Gehirne von Taxifahrern stießen sie auf besonders fette solcher kortikalen Strukturen. Lassen sich diese Seepferdchen etwa wie Muskeln trainieren – und leisten dann bessere Dienste beim Lotsen ihrer Besitzer?

Gut belegt ist, dass sich das menschliche Gehirn bis ins Erwachsenenalter verändern lässt: Wer zum Beispiel ein Instrument spielt oder regelmäßig meditiert, nimmt dadurch Einfluss auf die Struktur seines Denkorgans. Was die räumliche Orientierung betrifft, schlug vor einigen Jahren die »Taxifahrer-Studie« aus London hohe Wellen: 25 000 Straßen und ihren Verlauf müssen sich angehende Taxifahrer in der britischen Hauptstadt während ihrer Ausbildung einprägen. Forscher um Eleanor Maguire vom University College London wollten herausfinden, ob das Büffeln von Straßenmustern das Gehirn verändert: Insgesamt neununddreißig Fahrer in Ausbildung untersuchten sie mit Gehirnscans und Gedächtnistests vor und nach der Ausbildung. Als Vergleich dienten einunddreißig Männer, die sich keine Stadtpläne einprägen mussten. Prompt stellten die Forscher bei den Absolventen nach deren Ausbildungszeit mehr graue Substanz im Hippocampus fest.

Im Gegenzug kamen manche Wissenschaftler zu der Überzeugung, dass elektronische Navigationshilfen dumm machen. Nutze man nämlich ein solches Hilfsmittel, so sehe man nur den Weg von A nach B, sagt die Experimentalpsychologin Julia Frankenstein von der Technischen Universität Darmstadt. Die Wegmarken an der Strecke nehme man nicht wahr. »Und aus diesem reduzierten Informationsspektrum eine kognitive Karte – also die mentale Repräsentation eines geografischen Raums – zu erstellen, ist etwa so vielversprechend wie der Versuch, ein musikalisches Werk aus vereinzelten Tönen zu erschließen«, so Frankenstein.

Zu dieser Vermutung passt, dass Forscher in weiteren Untersuchungen bei Taxifahrern aus London, die schon länger im Ruhestand waren, weniger graue Masse in den für Gedächtnis und Orientierungsvermögen so wichtigen Hippocampi fanden als bei deren noch aktiven Kollegen. Was nicht genutzt wird, scheint sich also zurückzubilden. »Daher liegt der Gedanke nahe, dass es, wenn man Orientierung und Navigation nur noch der Elektronik überlässt, ebenfalls zu einer Verarmung dieser Hirnregion und der zugehörigen Fähigkeiten beiträgt«, resümiert Frankenstein.

Ein wahrscheinlicher Grund: Orientiert man sich mithilfe von Straßenkarten, so muss man die nach Norden ausgerichtete Karte zunächst mit der eigenen Position und Blickrichtung vergleichen, um sie korrekt lesen zu können. Das ist mental aufwendig, birgt aber Vorteile, betont Frankenstein: »Man gewinnt dadurch ein gutes Überblickswissen – und eine genauere kognitive Karte.« Man trainiert also gleichsam seine Seepferdchen im Kopf.

Julia Frankenstein plädiert dafür, im Auto zumindest gelegentlich auf Navigationshilfen zu verzichten. Zumal blindes Vertrauen auf Navis sogar tödlich sein kann: Im März 2015 stürzte eine Frau aus Chicago im Auto von einer zwölf Meter hohen, baufälligen Brücke in den Tod. Im Vertrauen auf ihr Navi hatte sie die Hinweisschilder *»Road closed«* – »Straße gesperrt« – ignoriert. Wenige Monate später wurde in Niterói bei Rio de Janeiro eine Touristin erschossen, weil das Navi sie statt in eine Promenade am Meer in eine berüchtigte Favela gelotst hatte. Und in der Mojave-Wüste in Kalifornien verdursten so häufig vom Navi fehlgeleitete Touristen, dass die Einheimischen dafür eine eigene Bezeichnung kennen: *»Death by GPS«* – »Tod durch GPS«.

Noch in einem weiteren Bereich des Lebens, bei dem es um Leben und Tod gehen kann, spielt die Verlässlichkeit der Hippocampi eine zentrale Rolle: bei Gerichtsverfahren. Denn Erinnerungen – bei deren »Ausbrütung« diese seepferdchenförmigen Areale ja so wichtig sind – können trügen. Der Sozialpsychologe Harald Welzer von der Europa-Universität Flensburg hat in Experimenten nachgewiesen, dass Episoden, die Menschen selbst erlebt haben, in ihrem Gedächtnis zum Beispiel oft mit Inhalten aus Filmen und Geschichten, die sie gelesen oder irgendwo aufgeschnappt haben, verschwimmen. Wohl auch deshalb führen Augenzeugen die Ermittler bei Kriminalfällen nicht selten auf falsche Fährten: Allein in den USA wurden unlängst innerhalb weniger Jahre mehr als dreihundert Fehlverurteilungen aufgrund von Zeugenaussagen durch nachträgliche DNA-Tests aufgedeckt.

Langsam wird auch klarer, wieso uns das Gedächtnis so oft in die Irre leitet. »Eine führende neue Theorie der Gedächtnisforschung geht davon aus, dass der Hippocampus wie ein Regisseur Elemente miteinander verknüpft, die eine Erinnerung ausmachen«, schreibt die norwegische Neuropsychologin Ylva Østby. Wenn die Erinnerung zum Leben erweckt werde, ergreife der Hippocampus wieder alle Elemente und komponiere sie zu einem neuen Stück, während gleichzeitig für alle Einzelheiten, die ursprünglich verloren gegangen seien, unser sonstiges Wissen über die Welt herangezogen werde, um die Stellen, an denen etwas fehlt, zu ergänzen. Wann immer wir eine Erinnerung aus dem Gedächtnis aufrufen, sind viele Forscher mittlerweile überzeugt, ist der Hippocampus beteiligt und überschreibt die ursprüngliche Erinnerung gleichsam jedes Mal mit einer etwas neuen Interpretation oder Rekonstruktion. Und Trauma-Therapeuten wissen aus täglicher Erfahrung, dass bei manchen Menschen genau dieser Prozess des »Überschreibens« die einzige Chance ist, einer Endlosschleife schrecklicher Erinnerungen wieder zu entkommen. So wie bei Peter Gutwasser, der ein grauenvolles Erlebnis hatte.

Ein milder Oktobertag in Berlin, kurz nach dreizehn Uhr. Seit acht Stunden ist der S-Bahn-Lokführer im Dienst. Peter Gutwasser freut sich auf den Feierabend. Wenige Kilometer vor dem S-Bahnhof Baumschulenweg fährt er in eine Rechtskurve ein. Mit achtzig Stundenkilometern, genau nach Vorschrift. Plötzlich sieht Gutwasser zwei Kinder, die auf den Gleisen spielen. Sofort gibt er Warnsignale, zieht die Bremse. Zu spät bemerken die beiden Jungen den Zug. Mit weit aufgerissenen Augen blicken sie Gutwasser durch die Frontscheibe an. Dann der Aufprall.

Sekunden später kommt der Zug zum Stehen. Peter Gutwasser klettert aus dem Führerstand, erinnert er sich. Er hört ein Wimmern. Die Kinder leben! Doch als der S-Bahn-Fahrer näher kommt, bemerkt er eine große Blutlache. Der kleinere Junge, etwa drei Jahre alt, ist besonders schwer verletzt. Seine ganze rechte Körperseite wurde aufgerissen. »Hast du ein Pflaster für meinen Bruder?«, fragt der größere. Gutwasser ruft den Notarzt. Doch der kann die Kinder nicht mehr retten. Sie sterben noch am selben Tag.

Bald fünfundzwanzig Jahre ist der Unfall nun her. Peter Gutwasser aber wird die Gesichter der Kinder nie vergessen. »Die großen, dunklen Augen«, erzählt er mit leiser Stimme in einem Café in Berlin-Mitte, »das schwarze, wellige Haar.« Nach dem Unglück verfolgen ihn die toten Brüder. Albträume quälen ihn. Er erkrankt an einer Posttraumatischen Belastungsstörung (PTBS), einer verzögerten psychischen Reaktion auf ein extrem belastendes Ereignis. »Schwerverletzte an Bahngleisen verströmen einen besonderen Geruch«, sagt der sanfte, achtundfünfzigjährige Mann. »Leicht süßlich, nach Blut, aber auch metallisch, nach dem Abrieb der Bremsklötze.« Nachts kommt dieser Geruch wieder hoch. Tagsüber schießen Schreckensbilder in sein Bewusstsein, sogenannte Flashbacks. Die Gesichter der Kinder, ihre weit aufgerissenen Augen. Gestochen scharf. Immer und immer wieder.

Allein in Deutschland leiden rund 1,2 Millionen Menschen an einer PTBS. Viele Betroffene zerbrechen an dieser Krankheit. Sie leben wie in einer Horror-Endlosschleife. Manche spüren Teile ihres Körpers nicht mehr, andere werden von chronischen Ängsten geplagt oder können sich nicht mehr konzentrieren. Der Auslöser der Krankheit ist eine Art Kurzschluss im Gehirn. »Durch eine akute Überlastung des Systems werden die Bilder des Schreckens und die Angst extrem tief ins Gedächtnis eingebrannt«, sagt die Trauma-Expertin Ulrike Schmidt in ihrem Forschungslabor an der Universitätsmedizin Göttingen (UMG), »und bei PTBS-Patienten gleichzeitig so unsicher abgespeichert, dass sie jeden Moment wieder ins Bewusstsein treten können.«

Verkehrsunfälle können ebenso Auslöser sein wie sexueller Missbrauch, Folter, Lawinenunglücke, Erdbeben, Überfälle oder Kriegserlebnisse. Einen offiziellen Namen bekam die Krankheit in den 1970er-Jahren. Im Zuge des Vietnamkriegs litten Hunderttausende Veteranen der U.S. Army unter Flashbacks. Viele begingen Selbstmord. 1980 wurde die Posttraumatische Belastungsstörung (PTBS) international als psychische Krankheit anerkannt.

Ulrike Schmidt greift nach Papier und Kugelschreiber und skizziert ein Gehirn. Drei Regionen stehen bei der Entstehung eines Traumas besonders im Fokus: die Amygdala (eine Art Zentralstelle für Angst und Aggression), der präfrontale Cortex an der Stirnseite des Gehirns – und die Hippocampi in den Schläfenlappen. »Wenn wir emotional erregt sind, schütten wir Stresshormone aus«, erklärt die Trauma-Expertin und zeichnet dicke Pfeile, die von der Amygdala aus in alle Richtungen schießen. Dadurch erhalte das, was gerade wahrgenommen werde, im Gehirn besondere Brisanz. »Evolutionsbiologisch gesehen ist dieser Mechanismus sehr wichtig«, so Schmidt. »Stellen Sie sich vor, Sie sind in der Wildnis und kommen an einen Ort, wo viele Tiger lauern. Dann sollten Sie sich diesen Platz genau merken und nie wieder hingehen.« In Extremsituationen aber kann die Amygdala so überaktiv werden, dass der präfrontale Cortex, der dieses Angstzentrum eigentlich überwachen sollte, die Kontrolle verliert: Der seepferdchenförmige Hippocampus, der auch dafür zuständig ist, Erinnerungen chronologisch einzuordnen, erhält zu wenig Impulse – und das Schockerlebnis wird ohne räumliche und zeitliche Einbettung abgespeichert. »Bereits kleine Auslöser, die die Betroffenen bewusst oder unbewusst an das Trauma erinnern, können die Eindrücke wieder aufpoppen lassen«, so Schmidt.

Der Berliner S-Bahn-Fahrer Peter Gutwasser erlebte das in den 1990er-Jahren auf drastische Weise. »Die Flashbacks kamen in allen möglichen Situationen«, erzählt er, am Frühstückstisch etwa, auf dem Fahrrad oder beim Zwiebelschneiden. Bei vielen PTBS-Patienten lösen Dutzende unterschiedliche Trigger Flashbacks aus. Unmöglich, allen auszuweichen. Was also tun? »Ein Trauma lässt sich nur durch Konfrontation überwinden«, sagt Ulrike Schmidt. Neben ihrer Forschungsarbeit behandelt die Psychiaterin täglich Betroffene: Erst baut sie über viele Sitzungen ein Vertrauensverhältnis zu den Patientinnen und Patienten auf und übt mit ihnen, Emotionen stärker zu kontrollieren. Dann beginnt die Auseinandersetzung mit dem Trauma selbst. Die Betroffenen müssen das schreckliche Erlebnis nacherzählen. Und alle paar Minuten bittet Schmidt sie, ihre aktuellen Gefühle dabei zu beschreiben. Immer und immer wieder.

Manche Patienten setzt das anfangs so unter Stress, dass sie ohnmächtig vom Stuhl kippen. Andere beginnen wild mit den

Armen zu rudern, als säßen sie wieder im Unfallauto und wollten verzweifelt dem Aufprall entfliehen. Wieder andere versuchen, einen vor ihren Augen erscheinenden Vergewaltiger wegzustoßen. »Zu Beginn ist der therapeutische Prozess für die Betroffenen oft quälend«, sagt Schmidt. »Aber wenn man traumatische Erinnerungen im sicheren therapeutischen Umfeld bearbeiten kann, bedeutet das gleichzeitig auch, die mit ihnen auftretenden quälenden Gefühle erfolgreich bekämpfen zu lernen.« Traumatische Erinnerungen würden formbar. »Und nach und nach verändern sich die molekularen Strukturen, die traumatische Erinnerungen im Gedächtnis aufbewahren.« Wichtigstes Ziel der Therapie: Das Gedächtnis muss ganz klar abspeichern, dass das Trauma in der Vergangenheit liegt – und abgeschlossen ist. Dann kann das fürchterliche Erlebnis nach und nach zu einer Erinnerung schrumpfen, die zwar weiterhin schrecklich ist, das heutige Fühlen und Handeln aber nicht mehr bestimmt.

Doch der Weg ist weit. »Etwas umzulernen ist generell viel anspruchsvoller, als ein Verhalten ganz neu zu lernen«, sagt der Biopsychologe Onur Güntürkün von der Ruhr-Universität Bochum. »Alte Gedächtnisinhalte und Reaktionsmuster werden nämlich nicht aus dem Gedächtnis gelöscht. Man muss sie ständig aktiv ausblenden«, so Güntürkün. Und kommen – wie bei einem Trauma – starke Emotionen dazu, wird alles noch komplexer, und in Momenten der Anspannung fallen Betroffene schnell wieder in alte Verhaltensmuster zurück. »Immerhin: Der Hippocampus kann offenbar lernen, in Kooperation mit dem Präfrontalcortex sogenannte inhibitorische Neuronen zu aktivieren, zeigen Experimente«, sagt der Biopsychologe. Und diese Nervenzellen seien in der Lage, Neuronen im Hirn, die Angst produzieren oder weiterleiten, gezielt zu stoppen.

Auch Peter Gutwasser denkt manchmal noch an die toten Kinder zurück, aber die Erinnerungen haben keine Gewalt mehr über ihn. Neun Jahre arbeitete er nach dem Unfall weiter als Lokführer. Berufsbegleitend hatte er ein Fernstudium der Psychologie und Pädagogik begonnen. Im Sommer 2005 war seine letzte Fahrt. Seit 2008 kümmert er sich als Sozialarbeiter und Therapeut um Klienten mit Drogenproblemen, Bipolaren Störungen, Schizophrenie – und auch um Menschen, die unter einer PTBS leiden. Er hat es geschafft. Mithilfe seiner Seepferdchen im Kopf.

In der Trauma-Therapie scheint die gezielte Aktivierung der neuronalen Rosse der See die besten Heilungschancen zu versprechen. Doch diese geheimnisvollen Areale im Gehirn haben noch viel mehr zu bieten, auch für psychisch gesunde Menschen. Die Neuropsychologin Ylva Østby von der Universität Oslo weist in ihrem Buch auf ein weiteres Phänomen hin, das die Wichtigkeit der Hippocampi verdeutlicht: »Zukunftsvorstellungen sind ein natürlicher Teil des Gedächtnisses«, schreibt sie. »Nicht allein, weil die Vergangenheit uns Wissen mitgegeben hat, das uns dabei behilflich ist, uns die Zukunft vorzustellen, sondern weil der Prozess, der uns episodische Erinnerungen und Zukunftsvorstellungen beschert, *derselbe* ist.«

Wahrscheinlich ist es also kein Zufall, dass in der Mythologie der griechischen Antike Mnemosyne nicht nur die Göttin der Erinnerung ist, sondern auch die Mutter der neun Musen – also sämtlicher Kunstformen, darunter alle Arten der Dichtkunst. Zumindest die Vorstellung, dass erst die Fähigkeit zur Erinnerung Menschen kreativ macht, gibt es also bereits seit Jahrtausenden. Und aus heutiger Sicht liegt nahe: Ohne Seepferdchenstruktur im Gehirn gäbe es wohl keine Kreativität, keine Kunst, keine Zukunftsvisionen – und vielleicht auch keine Zukunft.

18. Endstation Schleppnetz?

Bedrohung

»Willkommen zum Grande Finale.
Es wird so inszeniert, dass jeder krepiert.«
Udo Lindenberg, »Grande Finale«

In Djiffer, einem Fischerdorf im südlichen Senegal, sind Seepferdchen heiß begehrt. Gegen Abend legen dort am Sandstrand täglich bunt bemalte Kutter an und bieten ihren Fang feil. Zahlreiche Händler kämpfen um die besten Stücke: Barrakudas, Stachelrochen, Austern, Seegurken, Kapitänsfische – und Rosse der Meere. Insbesondere die Preise für Seepferdchen steigen und steigen, ergaben 2019 Recherchen der Deutschen Welle. In ganz Westafrika schoss in den letzten Jahren auch die Zahl der gehandelten Seepferdchen nach oben. 600 000 dieser Tiere wurden laut der internationalen Meeresschutzorganisation Project Seahorse allein im Jahr 2018 aus dieser Region exportiert, vor allem nach China.

Erst begannen die Crews großer Hochseefischereischiffe aus Asien damit, Seepferdchen, die ihnen ins Netz gegangen waren, zu trocknen und zu verkaufen, so der Bericht der Deutschen Welle. Bald darauf zogen erste senegalesische und andere westafrikanische Fischer nach und verhökerten Rosse der Meere im Hafen von Dakar an Zwischenhändler für den Weitertransport nach Asien. Und mittlerweile jagen auch die traditionellen Fischer in ihren kleinen Booten in ganz Westafrika gezielt nach Seepferdchen.

Weltweit ist der Handel mit diesen Wildtieren längst ein Multimilliardengeschäft. Fast ein Viertel aller aus dem Meer stammenden Schmuggelwaren, die zwischen 2009 und 2017 im Luftverkehr beschlagnahmt wurden, waren Rosse der See. Bei Einzelkontrollen wurden an Flughäfen bis zu 20 000 getrocknete Seepferdchen aufgefunden, mit einem Wert von fast neun Euro pro Stück.

Bereits vor fünfundzwanzig Jahren wies die kanadische Meeresbiologin Amanda Vincent von der University of British Columbia in einer Studie auf die gewaltigen Dimensionen des internationalen Handels mit Seepferdchen hin – und auf seine Konsequenzen: In manchen Gebieten der Philippinen waren die Bestände dieser Fische in gerade mal zwei Jahrzehnten um bis zu 70 Prozent geschrumpft, und in anderen Regionen Asiens sowie in den USA und Brasilien stellte Vincent ähnliche Tendenzen fest.

Allerdings war die Welt der Rosse der Meere damals noch vergleichsweise in Ordnung: Heute sind mindestens siebenundachtzig Länder am internationalen Seepferdchen-Business beteiligt, auf allen Erdteilen außer der Antarktis. Experten schätzen, dass pro Jahr rund zwanzig Millionen Hengste und Stuten der Meere in den Handel gelangen – wenn nicht sogar deutlich mehr.

In der Opferrolle seien Seepferdchen eben »schier unschlagbar«, spottete der Wissenschaftsjournalist Michael Miersch um die Jahrtausendwende in einem *mare*-Essay. Und: »Als Schuldige kann man zwei Bösewichte anklagen: den Kapitalismus und die Globalisierung.« Miersch meinte das ironisch. Doch in der Tat hat erst der Kapitalismus in den letzten Jahrzehnten Millionen von Menschen aus China so wohlhabend gemacht, dass sie sich die – mittlerweile hochpreisigen – Naturarzneien auf Seepferdchenbasis leisten können. Neben Microsoft, Coca-Cola und Nokia ist der Heilmittelkonzern Tong Ren Tang eines der umsatzstärksten Unternehmen in China. Und die Globalisierung katapultierte den Handel zwischen den TCM-Pharmazeuten im Mutterland und unzähligen Exil-Chinesen in aller Welt in eine neue Dimension.

Längst findet die Traditionelle Chinesische Medizin auch nicht mehr ausschließlich in den Chinatowns von New York, London oder Paris hohen Zuspruch. Die Globalisierung befeuert auch bei Menschen aus Europa und den USA das Interesse an der als sanft geltenden Naturmedizin aus Asien.

Doch woher stammen eigentlich die ganzen Rosse der Meere auf den Weltmärkten? Für wenige, auf das Tauchen nach Seepferdchen spezialisierte Fischergemeinschaften auf den Philippinen und in Thailand wurden diese Tiere gegen Ende des 20. Jahrhunderts zum »Brotfisch«, von dem ihre Existenz abhing. Viel größer aber, als von solchen Tauchern erbeutet zu werden, ist die Gefahr für Seepferdchen, als Beifang in einem Schleppnetz zu enden – also als Opfer, das primär gar nicht zu fangen beabsichtigt wurde.

Die Zahlen sind erschütternd. Jedes Jahr werden gut die Hälfte aller Kontinentalschelfs der Welt – die Meeresgebiete mit weniger als 150 Metern Tiefe, in denen alle bekannten Seepferdchenarten leben – mindestens einmal von Schleppnetzfischern geplündert, schätzen Fachleute: eine Gesamtfläche von fünfzehn Millionen Quadratkilometern, rund eineinhalbmal so groß wie Europa. Der sogenannte Kurrbaum, ein wuchtiger Querbalken, der, von Eisenkugeln beschwert, auf Kufen über den Boden gezogen wird und diese Art Netze offen hält, rasiert Seetang, Seefächer, Schwämme und Korallen einfach ab. Riesige und winzige Fische bleiben gleichermaßen in den engen Maschen der Schleppnetze hängen. Selbst große Brocken lebendiger Riffe werden abgeschlagen und über den Boden geschleift. Es ist eine brutale Fangmethode: als würde man an Land mit Panzern nach Eichhörnchen jagen und dabei alles dem Erdboden gleichmachen, was sich nicht schnell genug in Sicherheit bringt.

Bis zu 73 Prozent aller von Trawlern (englisch: *to trawl* – »mit einem Schleppnetz fischen«) gefangenen Fische und Meeresfrüchte macht der Beifang aus. Die Garnelenfischerei ist besonders ineffizient: Mit jedem Kilogramm Garnelen werden bis zu zehn Kilogramm Schwämme, Krabben, Muscheln sowie Seepferdchen und andere Fische unbeabsichtigt aus dem Meer gezogen. Und insbesondere für Seepferdchen ist die Garnelenfischerei mit Schleppnetzen fatal. Denn ausgerechnet mit diesen kulinarisch so begehrten Tieren teilen sie sich häufig das Habitat. Zwar fängt ein Trawler pro Tag nur etwa ein Ross der Meere, zeigten Stichproben von Project Seahorse. Allein durch die riesige Zahl solcher Fischerboote ergibt sich weltweit aber jährlich ein Beifang von vierzig Millionen Seepferdchen – doppelt so viele, wie nach Schätzungen von Fachleuten in den globalen Handel gelangen. Und selbst wenn manche der Tiere ins Meer zurückgeworfen werden, weisen viele so starke Verletzungen auf, dass sie nicht mehr überlebensfähig sind.

Das vielleicht Bitterste für die Rosse der Meere: Selbst wenn die Schleppnetzfischerei heute weltweit verboten würde, wäre ihre Zukunft nicht gesichert. Denn die Lebensräume der Seepferdchen schrumpfen bedenklich: seien es Mangrovenwälder, Seegraswiesen, Riffe oder von Weichkorallen geprägte Gebiete. Mehr und mehr Habitate dieser so besonderen Fische werden gerodet oder trockengelegt. An ihrer Stelle machen sich Krabbenzuchtanlagen breit, Jachthäfen, landwirtschaftliche Nutzflächen, Hotelanlagen, Einkaufszentren, Wohnsiedlungen, Flughäfen.

Eine weitere Bedrohung stellt der Klimawandel dar. »Durch die globale Erwärmung kann es zu einem raschen Anstieg des Meeresspiegels kommen«, erklärt der Biologe Ralf Schneider vom GEOMAR Helmholtz-Zentrum für Ozeanforschung in Kiel: »Lebensräume vieler Seepferdchen, etwa Korallenriffe und Seegraswiesen, können sich dadurch zu weit vom Sonnenlicht entfernen und absterben. Denn insbesondere Seegras benötigt Licht.« Aus diesem Grund könne auch eine erhöhte Wassertrübung – zum

Beispiel durch zu starken Nährstoffeintrag und damit Phytoplankton – fatal für solche Ökosysteme sein.

Hauptverursacher der »Überdüngung« der Meere ist die industrielle Landwirtschaft. Allein in Deutschland produziert die Massentierhaltung jährlich 200 Millionen Kubikmeter Jauche. Die Flächen der landwirtschaftlichen Betriebe reichen nicht aus, um solche Mengen organischen Düngers aufzunehmen. Zum großen Teil landet der Stickstoff ungenutzt in der Atmosphäre, gelangt ins Grundwasser, in angrenzende Oberflächengewässer – und letztendlich in die Meere, wo sie das Wasser trüben.

Weichkorallen wiederum, auf denen etwa Bargibant- oder Denise-Zwergseepferdchen leben, drohen durch den Klimawandel weitere Probleme, erklärt Schneider: »Durch eine Erwärmung des Wassers können Zooxanthellen (symbiotische Einzeller in Korallen) ihre Fähigkeit zur Fotosynthese einbüßen und beginnen, toxische Stoffe zu produzieren.« Hierfür können bereits wenige Grad Celsius ausreichen. Als Reaktion stoßen Korallen die Zooxanthellen ab, wodurch sie ihre Farbe verlieren – die gefürchtete »Korallenbleiche«. Oft sterben die Korallen in der Folge ab, sagt Ralf Schneider. »Und damit der Lebensraum für viele Seepferdchen.«

Besonders schlecht steht es um die Mangroven der Welt, in denen es jahrtausendelang von Leben nur so wimmelte: Seit Mitte des 20. Jahrhunderts wurden 30 Prozent der globalen Mangrovenwälder abgeholzt, auf den Philippinen sogar bis zu 75 Prozent. Dabei sind diese Gehölze als Rückzugsräume nicht nur für Seepferdchen von existenzieller Bedeutung, sondern auch für viele andere Fische und wirbellose Tiere. Denn in Mangrovenwäldern finden Jungtiere Schutz vor Fressfeinden und wachsen vergleichsweise geborgen heran, bevor sie im Erwachsenenalter in Korallenriffe umziehen. Mangroven sind auch hilfreich, um einer Erosion der Uferbereiche vorzubeugen, und bieten Küstenbewohnern sogar einen gewissen Schutz vor Tsunamis.

Und das Seegras? Etwa ein Drittel aller Seegraswiesen ist seit dem 19. Jahrhundert verschwunden. Und ab 1990 hat sich die Zerstörung dieser wichtigen Lebensräume für zahlreiche Arten weiter beschleunigt. Die Ästuare von Neuseeland etwa haben ihr natürliches Seegras seit den 1960er-Jahren fast vollständig verloren. Dabei sind sehr viele Tiere es gewohnt, ihre Eier in Seegraswiesen abzulegen. Seegräser geben zudem Sauerstoff in das umgebende Wasser und über ihre Wurzeln auch in den Meeresboden ab: Auf diese Weise belüften sie diesen und ermöglichen seine Besiedlung mit Würmern, Krebsen, Muscheln und Seeigeln. Dadurch bilden sie einen wichtigen Grundstein für die Nahrungskette im Meer. Zudem filtert Seegras Abfallstoffe aus dem Wasser und bindet Sedimente. Seegräser wirken sogar der Klimaerwärmung entgegen, da sie große Mengen von Kohlendioxid speichern. Doch die übermäßigen Nährstoffeinträge aus der Landwirtschaft in die Ostsee haben die Bestände gerade in unseren Breiten bereits dramatisch reduziert. Und durch eine Pilzkrankheit in den 1930er-Jahren wurden auch die Seegraswiesen der Nordsee weitgehend dahingerafft – samt den heimischen Seepferdchen. Denn ohne Seegrashalme fehlt vielen Rossen der Meere der nötige Halt. Und mit ihren kleinen, zarten Flossen durch stürmische See zu navigieren, kann sie so sehr auslaugen, dass sie vor Erschöpfung sterben.

Ein erfolgreicher Kampf für das Überleben der Seepferdchen bräuchte drei Stoßrichtungen, sagen Fachleute: radikale Einschränkungen der Schleppnetzfischerei, Handelsschranken für Seepferdchen sowie den Schutz der Meere – insbesondere der Küstengewässer – vor Verschmutzung und Zerstörung.

Die Zeit drängt. Experten gehen davon aus, dass bereits fünfzehn Seepferdchenarten vom Aussterben bedroht sind. »Und Seepferdchen sind wie ein Frühwarnsystem«, sagt die britische Meeresbiologin Helen Scales von der University of Cambridge. »So wie die Kanarienvögel, die Bergleute früher in die Stollen mitnahmen.« Diese Vögel reagieren besonders empfindlich auf Methangas und Kohlenmonoxid. Solange der Kanarienvogel sang und in seinem Käfig umherhüpfte, konnten die Bergleute daher beruhigt sein, dass die Luft sauber und frei von diesen gefährlichen Gasen war. Ein toter Vogel hingegen war das Signal, dass der Schacht sofort evakuiert werden musste. Was das Meer betrifft, seien die Rosse der Meere ein ähnlich verlässlicher Indikator, schreibt Scales. »Sie sind sensible Lebewesen, die nur in intakten Lebensräumen und bei guter Wasserqualität gedeihen.« Und wenn die Menschheit jetzt nicht die Kurve kriege, könnten die Rosse der Meere aussterben – »vielleicht eine Warnung vor einer größeren ökologischen Katastrophe, die noch bevorsteht«.

19. Ab ins Hotel!

Schutz

»You can check out any time you like,
but you can never leave.«
Eagles, »Hotel California«

Die Menschen aus dem Fischerdorf Handumon auf Jandayan Island, in den Zentralphilippinen, waren verzweifelt. Dabei hatten sie eigentlich beste Voraussetzungen für ihr Business: den Fang von Rossen der Meere. Finden sich doch, unweit der Küste mit den hölzernen Pfahlbauten des Dorfes, Korallenriffe, Seegraswiesen und Mangrovenwälder – also alles, was das Seepferdchenherz begehrt.

In den 1960er-Jahren waren Händler nach Jandayan Island gereist. Sie interessierten sich für Seepferdchen, zur Verwendung in der Traditionellen Chinesischen Medizin (TCM). Kinder aus Handumon begannen, die Tiere aus dem Seegras zu pflücken. Bald wollten auch Erwachsene mitverdienen. Mit Kanus, von kleinen Kerosinlaternen erhellt, fuhren sie nachts aufs Meer hinaus, um nach Rossen der Meere zu tauchen. Denn während der Dunkelheit konnten sie die Augen der in jener Region verbreiteten nachtaktiven Tigerschwanz-Seepferdchen (*H. comes*) im tintenschwarzen Wasser blitzen sehen. Bald entwickelte sich der Fang von Seepferdchen in Handumon zu einem bedeutenden Wirtschaftsfaktor, und fast die Hälfte der neunhundert Einwohner des Dorfes lebte vom Verkauf dieser Tiere.

Andere Fischerdörfer auf Jandayan Island zogen nach und begannen ebenfalls mit der Laternenfischerei, obwohl die Bestände der Rosse der Meere bereits zurückgingen. Erbeuteten die Taucher in den 1970er-Jahren noch bis zu hundert Seepferdchen pro Nacht, waren sie in den 1990er-Jahren bereits mit zwanzig hochzufrieden. Nicht selten kehrten sie mit leeren Händen ins Dorf zurück.

Informationen über Jandayan Island gelangten bis nach Kanada. Und 1993 reiste, unter der Leitung der Meeresbiologin Amanda Vincent aus Vancouver, ein internationales Forscherteam nach Handumon. Nicht nur, dass die Seepferdchen in jener Gegend der Philippinen stark dezimiert waren, stellten die Wissenschaftler fest. Auch die Lebensräume der Rosse der Meere waren in Gefahr. Die Recherchereise nach Handumon wurde zur Initialzündung für die Gründung der Meeresschutzorganisation Project Seahorse, der bis heute größten und wichtigsten NGO weltweit, die sich insbesondere für das Überleben der Rosse der See einsetzt.

Problematisch war in der Gegend von Jandayan Island vor allem das Fischen mit Dynamit, für das oft selbst gebastelte Bomben auf der Basis von Kunstdünger genutzt wurden. Die Detonationen töteten im Radius von mehreren Metern alle Fische. Sie trieben an der Wasseroberfläche und mussten nur mehr eingesammelt werden. Auf dem Meeresgrund aber blieben Krater und zerstörte Korallen zurück.

Die Fischer zeigten sich offen für die Anliegen der Umweltschützer: Denn ohne Seepferdchen, das war ihnen klar, würde auch ihre wichtigste Einkommensquelle versiegen. Sie willigten ein, künftig alle gefangenen Rosse der Meere vor dem Verkauf zu vermessen und zu wiegen sowie den Zustand von Korallen und Seegras im Fanggebiet regelmäßig zu überprüfen. Zudem kamen selbst gebastelte sogenannte Schwangerenkäfige zum Einsatz: Trächtige Hengste der See wurden bis zur Geburt auf dem

Meeresgrund in solche Kisten aus mit Fischereinetzen bespannten Holzrahmen gesetzt. Die Neugeborenen waren winzig genug, um durch die Maschen der Netze zu schlüpfen. Die Vatertiere aber blieben gefangen und wurden nach der Geburt getrocknet und verkauft.

Häufig gerieten die Fischer jedoch in Streit, wer welchen Hengst zu Geld machen durfte. Schließlich wurden die Schwangerenkäfige eingemottet. Die Meeresschützer von Project Seahorse entschieden sich für eine neue Strategie: In Absprache mit der lokalen Fischergemeinschaft wiesen sie 1995 nördlich von Handumon ein 33 Hektar (etwa 46 Fußballfelder) großes Schutzgebiet aus, in dem sowohl die Fischerei als auch der Fang von Seepferdchen vorübergehend ganz verboten wurden. Alle Rosse der See in dieser Zone wurden registriert und mit Nummern versehen. Mit Taucherbrille und Schnorchel ausgerüstete Wachleute kontrollierten regelmäßig, ob auch ja keines fehlte. Von einem Patrouillenboot aus überprüften Männer aus dem Dorf zudem, ob das Fang- und Fischereiverbot eingehalten wurde. Mit beachtlichem Erfolg. Innerhalb weniger Jahre erholten sich die Bestände vieler Arten in der Schutzzone.

Bald wurden weitere Küstengewässer für Fischkutter gesperrt. Die eindrucksvolle Bilanz von Project Seahorse nach nur zehn Jahren: zweiundzwanzig Meeresschutzgebiete, jedes mit einer Grundfläche zwischen zehn und fünfzig Hektar. Die Populationen vieler Fische in diesen Schutzzonen entwickelten sich positiv, und Stichproben erweckten den Eindruck, dass es nördlich von Jandayan Island auch mehr und mehr große, geschlechtsreife Seepferdchen im Meer gab. Ein gutes Zeichen. Spätere Kontrolluntersuchungen brachten jedoch Ernüchterung: Nicht nur, dass die Korallenriffe der Region sich um das Jahr 2010 noch immer kaum von der Dynamit-Fischerei erholt hatten. Ausgerechnet die Bestände der Seepferdchen – Anlass und Namensgeber der gesamten Bemühungen der NGO Project Seahorse – hatten sich nicht wesentlich vergrößert.

War das Projekt auf Jandayan Island letztlich also doch kein Erfolg? »Das ist eine komplizierte Geschichte«, sagt die Meeresbiologin Sarah Foster von der University of British Columbia in Vancouver, die für Project Seahorse unter anderem den internationalen Handel mit Seepferdchen beobachtet. »Die Philippinen gehören zu den Ländern, die 2002, im Zuge des sogenannten CITES-Abkommens, den Fang und Handel von Seepferdchen generell untersagt haben«, erzählt sie. Dadurch verloren auch die spezialisierten Laternenfischer aus Handumon ihre Existenzgrundlage – oder wurden in die Illegalität gedrängt. »Die gute Nachricht aber ist, dass es kürzlich eine Änderung des philippinischen Fischereigesetzes gab, die dieses mit den Richtlinien von CITES in Einklang gebracht hat.« Derzeit berate man die philippinische Regierung bei der Entwicklung eines »Bewirtschaftungsplans für Seepferdchen«, um den Handel mit diesen begehrten Fischen doch noch sowohl legal als auch nachhaltig gestalten zu können.

Unstrittig ist, dass regionale Ansätze die Seepferdchen allein nicht retten können. Auch der internationale Handel mit diesen Tieren muss dringend eingeschränkt werden – und zu Beginn des 21. Jahrhunderts standen die Zeichen dafür gut: »Für Seepferdchen und Schildkröten gibt es wieder neue Hoffnung«, titelte der *Spiegel* im November 2002. Gerade war in Santiago de Chile die Vertragsstaatenkonferenz zum Artenschutzabkommen Convention on International Trade in Endangered Species of Wild Fauna and Flora (CITES) zu Ende gegangen, auf der einige neue Arten auf die Liste der gefährdeten Tiere und Pflanzen gesetzt wurden, darunter alle Seepferdchen. Alle, weil die Unterscheidung der Dutzenden von Arten dieser Tiere für Zollbeamte nicht zu stemmen sei. Doch was wurde aus der Hoffnung?

Inzwischen sind 183 Staaten dem CITES-Abkommen beigetreten. Das ehrenwerte Ziel: Der internationale Handel mit allen gelisteten Arten ist nur insoweit erlaubt, als er für deren lokale Population in den einzelnen Ländern »nicht schädlich« ist. Das Problem: Selbst Fachleute können kaum abschätzen, wie viele Seepferdchen einer Art in den Meeresgebieten einer Nation leben. Forscher der Uni Bologna lancierten in Italien extra eine Seepferdchen-Volkszählung: Sie rekrutierten 2500 Hobbytaucher und ließen diese abklären, wie viele Rosse der Meere es entlang der 7600 Kilometer langen Küste Italiens gibt. Drei Jahre dauerte das Projekt. In insgesamt 6000 Stunden Unterwasserbeobachtung erspähten die Taucher gut 3000 Seepferdchen. Unklar blieb jedoch nicht nur deren Art, sondern auch, wie viele der Tiere doppelt oder mehrfach gesichtet wurden. Wie sollte man also ernsthaft entscheiden, welche Fangmengen ökologisch verkraftbar sind?

Aus pragmatischen Gründen verlegten sich die Artenschützer weltweit auf eine simple Faustregel: die Größe der Tiere. Nur mehr Rosse der See mit einer Mindestlänge von zehn Zentimetern dürfen gehandelt werden. Der Grenzwert, der – angesichts von Zwergen und Riesen – völlig beliebig klingt, hat einiges für sich: Individuen dieser Größe sind nämlich bei fast allen Spezies bereits geschlechtsreif und hatten schon die Möglichkeit, sich fortzupflanzen.

Die Laternenfischer und Seepferdchentaucher in den Zentralphilippinen hielten sich weitgehend an diese Vorschrift und schenkten kleineren Individuen das Leben. Zumal auf Jandayan Island in Zusammenarbeit mit Project Seahorse auch alternative Verdienstquellen geschaffen wurden: Ökotourismus mit Seepferdchen-Watching etwa sowie der Anbau von Seegras als natürliches Düngemittel.

Indonesien, Indien, Malaysia, die Philippinen und Thailand erklärten im Zuge des CITES-Abkommens sogar jeglichen Export von Seepferdchen für illegal. Doch was nach einem Durchbruch für den Tierschutz klingt, erwies sich eher als das Gegenteil: Denn nicht nur, dass in jenen Ländern selbst Seepferdchen weiterhin munter gejagt und zu Geld gemacht wurden. Darüber hinaus entstand ein boomender internationaler Schwarzmarkt, der sich erst recht kaum kontrollieren lässt. Anfang 2019 deckte eine Gruppe von Wissenschaftlern um die kanadische Meeresbiologin Sarah Foster von der NGO Project Seahorse auf, dass das CITES-Abkommen den Handel mit Seepferdchen nicht gebremst hat. Unter anderem hatten Foster und ihre Kollegen 220 Händler in Hongkong nach der Herkunft ihrer Rosse der See befragt. Aus solchen Erhebungen konnten sie hochrechnen, dass insgesamt bis zu 95 Prozent der Tiere aus Ländern mit offiziellen Exportverboten eingeführt worden waren. »Getrocknete Seepferdchen lassen sich eben sehr leicht über Grenzen schmuggeln«, sagt Sarah Foster. »Sie sind klein und lange haltbar. Oft werden sie von Schmugglern zum Beispiel zwischen persönlichem Gepäck versteckt.«

Genau wie Amanda Vincent, die große Pionierin des Seepferdchenschutzes, hält auch Sarah Foster ein generelles Verbot für keinen guten Weg. Man dürfe den Menschen nicht ihre Erwerbsmöglichkeit nehmen, nachhaltiger Fang und Handel dieser Tiere nach den CITES-Kriterien müssten erlaubt bleiben. »Auch weil das Anreize für ein verbessertes Fischereimanagement schafft – was wiederum positive Auswirkungen auf die Erhaltung der wilden Seepferdchen haben kann.«

Doch es gibt da ein weiteres Problem: Der Artenschutzkonvention CITES fehlt es an Sanktionsmöglichkeiten. Die Tierschützer können ausschließlich an den guten Willen der Entscheidungsträger in den Ländern appellieren, die dem Abkommen beigetreten sind. Häufig stoßen sie da auf taube Ohren. »CITES muss enger mit den Unterzeichnerstaaten zusammenarbeiten, damit die Zwischenhändler Seepferdchen aus Herkunftsländern mit Handelsverboten zurückweisen und die Behörden hohe Bußgelder verhängen«, fordert Sarah Foster dennoch kämpferisch. Und immerhin: Die Behörden von Hongkong bemühten sich in den letzten Jahren offenbar verstärkt, die illegalen Importe einzudämmen, und drohen Schmugglern mit Gefängnisstrafen. Allein im Jahr 2018 wurden fünfundvierzig Ladungen getrockneter Seepferdchen mit einem Gesamtgewicht von 470 Kilogramm beschlagnahmt – insgesamt etwa 175 000 Seepferdchen, die zu TCM-Heilmitteln verarbeitet werden sollten.

»Das Hauptproblem für die Seepferdchen ist aber nicht die Traditionelle Chinesische Medizin«, betont Sarah Foster von Project Seahorse, »sondern die Fischerei-Industrie.« Fangflotten müssten verkleinert und insbesondere Schleppnetzfischer endlich konsequent aus den bestehenden Schutzzonen ferngehalten werden, fordert die Expertin. Denn mehr als 95 Prozent der Seepferdchen auf dem Weltmarkt würden aus Beifang stammen, vor allem aus der Schleppnetzfischerei nach Garnelen. »Project Seahorse setzt sich dafür ein, der Grundschleppnetzfischerei, die Seepferdchen und andere Meeresbewohner wahllos ausbeutet und damit die Fischerei, die biologische Vielfalt und die Ernährungssicherheit bedroht, ein Ende zu setzen«, sagt Sarah Foster. »Und dazu brauchen wir die Hilfe aller Seepferdchenfans – damit dieses Thema von den Regierungen nicht länger ignoriert werden kann!«

Die Seepferdchen- und Meeresschützer von Project Seahorse haben einen langen Atem: Mittlerweile ist diese NGO in vierunddreißig Ländern auf sechs Kontinenten aktiv. Mehr als fünfunddreißig marine Schutzzonen wurden eingerichtet, auf den Philippinen, in Vietnam und Hongkong, meist in Zusammenarbeit mit lokalen Naturschutzorganisationen. In vielen der Schutzgebiete stiegen die Fischbestände in den letzten Jahren deutlich an.

Auch auf politischer Ebene habe sich, was den Schutz der Meere betrifft, in letzter Zeit viel bewegt, betont Sarah Foster: War 2008 noch nicht einmal ein Prozent der globalen Meeresflächen als Schutzgebiete ausgewiesen, so sind es mittlerweile immerhin etwa sieben Prozent. Es gibt allerdings eine Reihe von Forschern, die diesen Ansatz grundsätzlich infrage stellen. Sie glauben, dass solche Reservate profitgierigen Unternehmern und Regierungschefs nur als Feigenblatt dienen, um alle übrigen Meeresgebiete umso brutaler auszubeuten.

Der renommierte britische Meeresbiologe Callum Roberts sieht das anders. »In bestimmten Regionen die übermäßige Nutzung zu verbieten, hat sich immer wieder als höchst wirksames Mittel zum Schutz und zur Unterstützung des Lebens im Meer erwiesen«, sagt der Professor von der University of York. Stückwerk reiche dabei allerdings nicht aus: »Wenn Schutzgebiete wirklich etwas ausrichten sollen, müssen es viele sein, und sie müssen ein umfassendes, gut überwachtes Netzwerk bilden. Wir können nicht einfach ein paar vereinzelte schöne Stellen bewachen. Stattdessen sollten wir solche miteinander verbundenen Zufluchtsorte als neues Fundament für alles betrachten, was wir auf den Meeren tun.«

Könnte man die Bestände in den Meeren nicht auch durch Nachzucht in Aquarien und Auswilderung auffrischen? Fachleute sind da skeptisch. Experimente von Forschern aus Australien zeigten, dass sich auf diesem Weg auch längerfristig nicht einmal genügend Jungtiere produzieren lassen, um als Anbieter für die Chinesische Traditionelle Medizin konkurrenzfähig zu sein. Denn getrocknete Seepferdchen für TCM-Apotheken werden in der Regel nicht zu Stückpreisen verkauft, sondern per Kilogramm, Zentner oder gar Tonne.

Einige wenige Zuchtfarmen, insbesondere in Asien und den USA, wirtschaften dennoch erfolgreich: Zu ihrer Zielgruppe wurden Aquarianer mit Seepferdchenpassion, die bereit sind, viel Geld für ihr Hobby auszugeben. Und immerhin: Jährlich werden Hunderttausende Seepferdchen als Zierfische erworben. Tiere aus solchen Nachzuchten sind für Aquarien besser geeignet, und in fast allen Zoos und öffentlichen Aquarien leben nur mehr vereinzelt Wildfänge. Dadurch werden die Bestände in der Natur zumindest ein bisschen geschont.

Die Auswilderung von Seepferdchen wird unter Fachleuten dagegen kontrovers diskutiert: Sind Seepferdchen aus der Gefangenschaft dem Leben in der freien Natur überhaupt gewachsen?, fragen sich Zoologen. In Gefangenschaft könnte es leicht zu Inzucht kommen, was die Tiere weniger widerstandsfähig machen würde für ein späteres Leben in der Wildnis.

Der australische Meeresbiologe David Harasti vom Port Stephens Fisheries Institute bei Sydney verfolgt denn auch einen raffinierteren Ansatz, um die natürlichen Bestände zu stützen: Unter anderem päppelt er Seepferdchen aus dem Meer vorübergehend im Aquarium auf. 2007 fing er in der Hafengegend einige ausgewachsene Whites Seepferdchen (*H. whitei*) ein und siedelte sie in ein Becken mit Salzwasser um. Dort paarten die Tiere sich, brachten Babys zur Welt – und im Alter von vier Monaten setzte Harasti diese wieder im Meer aus. Sein Ziel: die Überlebensrate der Jungtiere erhöhen. Denn in der Natur droht gerade Seefohlen ständig Gefahr, und oft erreicht nur eines von zweihundert Jungtieren das Erwachsenenalter.

Die Whites Seepferdchen, die immerhin sechzehn Zentimeter groß werden können und ihre Farbe je nach Stimmung wechseln, benötigen ganz besonderen Schutz. Seit Jahr und Tag lebte eine große Population dieser Tiere in den Seegraswiesen zwischen Sydney und der 300 Kilometer nördlich gelegenen Insel Foster. Doch durch verheerende Stürme wurde zwischen 2010 und 2013 fast ihr gesamter Lebensraum zerstört: Riesige Mengen Sand begruben die Weichkorallen, Schwämme und das Seegras unter sich. 90 Prozent der lokalen Seepferdchenbestände wurden ausgelöscht. Seit 2017 stehen die Whites Seepferdchen sogar auf der

Roten Liste gefährdeter Arten der Weltnaturschutzunion IUCN – ausgerechnet die Spezies, deren Balzrituale die kanadische Meeresbiologin Amanda Vincent in den 1990er-Jahren so begeisterten, dass sie zur wichtigsten Kämpferin für das Wohl der Rosse der See weltweit wurde.

Das Aufpäppeln von Jungtieren im Aquarium reicht nicht mehr aus, um das Überleben der Art zu sichern, erkannte Harasti bald. Ihm kam eine neue Idee. Wenn die natürlichen Habitate immer stärker wegbrechen, könnte er doch selbst eines bauen: eine Art Hotel für Seepferdchen. Schließlich entstand im Hafen von Sydney sogar eine ganze Hotelkette. Die Investitionskosten waren erfreulich gering, da Harasti die Herbergen wenig luxuriös ausgestaltete.

An ausrangierten Hummerfallen hatte er auf seinen Tauchgängen oft ganze Gruppen von Whites Seepferdchen beobachtet. Den ersten Prototyp seiner Hotels baute er daher nach dem Modell einer solchen Falle: einen drei mal drei Meter großen Käfig mit einem Rahmen aus Metallstangen und Wänden aus Draht. Innerhalb kurzer Zeit, hoffte der Meeresbiologe, würden Algen, Schwämme und Korallen die Käfige besiedeln und eine »natürliche« Umgebung für Seepferdchen erschaffen. Auch Ruderfußkrebse, Flohkrebse und weiteres Zooplankton würden angelockt werden – perfekte Beute für die Rosse der Meere.

Als der Biologe und seine Mitstreiter im Frühling 2018 in der Hafengegend von Sydney die ersten Seepferdchenhotels auf dem Meeresgrund errichteten, war die Zielgruppe zunächst skeptisch. Doch im Verlauf von zwei Monaten verloren die Tiere die Scheu. Bis zum Jahresende checkten fünfundsechzig Whites Seepferdchen in den Hotels ein sowie zahlreiche andere Fische, Kraken, Teppichhaie, Algen, Korallen und Schwämme. Besonders erfreulich: Bald wurden in den Seepferdchenpensionen erste Männchen trächtig.

2019 eröffneten Harasti & Co. im Hafen von Sydney neun weitere Seepferdchenhotels. Den Ansatz, Geburten und Babypflege ins Sea Life Sydney Aquarium auszulagern, behielten der Meeresbiologe und seine Mitstreiter bei. Im April 2020 setzten sie erneut Dutzende dort geborene Seefohlen in den Hotels im Hafenbecken aus. Und das Konzept aus Australien machte Schule: Auch in Griechenland, Indonesien, auf den Philippinen, in den USA und Portugal wird inzwischen mit Seepferdchenhotels experimentiert.

David Harasti spricht noch immer von Hotels und nicht etwa von Wohnungen. »Denn ich hatte ja geplant, dass die Seepferdchen nur eine Weile dort bleiben würden«, sagt er. Stattdessen aber beobachteten er und seine Kollegen, dass viele Rosse der Meere eine starke Bindung zu »ihrem« Hotel entwickelten. Bei den monatlichen Kontrollen wurden sie immer wieder dort gesichtet. Ein Seepferdchen verweilte sogar über ein ganzes Jahr hinweg im selben Hotel. Und das war erst der Anfang.

Inzwischen hat Harasti zu manchen seiner Hotelgäste sogar eine persönliche Beziehung aufgebaut: Lange war Dawn (»Abenddämmerung«) sein Lieblingsseepferdchen, eine leuchtend gelbe Stute der Meere, der er vor gut fünf Jahren zum ersten Mal als Taucher begegnet war »Dawn wurde eine lokale Berühmtheit«, erzählt er. Vor vier Jahren traf sie im Hotel einen dunkelgrauen Hengst, den Harasti Dusk (»Morgenröte«) taufte. Sie wurden ein Traumpaar. »Wahrscheinlich werden sie ihr Leben lang im Romantik-Hotel bleiben«, dachte der Biologe, nachdem er ihr Treiben drei Jahre lang beobachtet hatte. Doch es kam anders. Im Januar 2020 verschwand Dusk ganz. Dawn blieb allein im Hotel zurück. Sie halte sich tapfer, sagt der Meeresbiologe. Vielleicht ist Dusk ja nur mal eben Zigaretten holen geschwommen? Genügend Müll aller Art treibt ja im Meer umher.

Zynisch könnte man sagen: Falls Dusk nicht gefressen wurde, ist er zumindest der lebende Beweis dafür, dass es sich bei Harastis Hotels tatsächlich um eine Art Ferienunterkünfte handelt – und nicht um Gefängnisse. Denn das könnte leider die Zukunft sein, nicht nur bei Sydney: künstlich geschaffene Oasen für Seepferdchen, umgeben von Leere, Ödnis und Beton. Für die Rosse der Meere ergäbe sich dann eine Situation, wie sie die Eagles in ihrem Welthit »Hotel California« aus dem Jahr 1976 besangen: »You can check out any time you like, but you can never leave.«

David Harasti ist optimistisch, dass es nicht so schlimm kommen wird. »Vor unseren Experimenten mit den Hotels wussten viele Menschen in Sydney nicht einmal, dass es hier überhaupt Seepferdchen gibt«, erzählt er. Inzwischen aber sei die Begeisterung darüber groß. Er und seine Kollegen hoffen, dass das Hotelprojekt in Australien nicht nur das Interesse und Bewusstsein für die gefährdeten Whites Seepferdchen schärfen wird, sondern auch für viele andere Meerestiere: Denn vor der Ostküste Australiens leben zum Beispiel auch Fetzenfische und Ammenhaie – ebenfalls seltene Spezies, die unter Umweltverschmutzung, Schiffsverkehr und Lebensraumverlust an der Küste leiden.

Zumindest die Strategie, mithilfe der Seepferdchen Aufmerksamkeit zu erzeugen, scheint in Down Under voll aufzugehen. David Harastis Unterwasserhotels sind zu einem Hotspot für Hobbytaucher geworden, die darauf hoffen, bei diesen Metallkisten erstmals einen Blick auf echte Seepferdchen im Meer zu erhaschen.

20. Zugpferde

Mit Seepferdchenkraft aus der Krise?

»Der Sinn des Lebens? – Die Erde so zu hinterlassen, wie man sie vorzufinden wünscht.«
Dirk Stermann

Bevor die Leinen losgemacht werden, lassen sich Mitglieder der Crew ihren Körper schmücken. Ein Tattoo-Künstler aus Amsterdam ist extra zu diesem Zweck angereist. Henk Schiffmacher alias Hanky Panky hat auch Rockstars wie Kurt Cobain und Motörhead-Frontmann Lemmy Kilmister tätowiert. Jetzt, im Mai 2011, sticht er Greenpeace-Aktivisten ein lächelndes Seepferdchen in die Haut: das Logo für die Klaverbank-Kampagne der Umweltschutzorganisation.

Bald darauf läuft das Kampagnen-Schiff aus. Am Mast weht eine knallbunte Seepferdchenflagge, die ebenfalls Hanky Panky entworfen hat. Ziel der Reise ist die Sandbank Klaverbank, 160 Kilometer vor der niederländischen Küste. Greenpeace-Leute erklimmen bei Protestaktionen ja oft Schornsteine, oder sie ketten sich an Bahngleise. An diesem Tag aber, im Mai 2011, sind sie in anderer Mission unterwegs: Sie tragen Rosse der See ins Meer.

Mithilfe eines Spezialkrans senken die Aktivistinnen und Aktivisten mannshohe hölzerne Seepferdchenskulpturen auf den Meeresgrund ab. Es geht ihnen dabei nicht um Kunsterziehung für Fische, sondern um Tierschutz. Denn die Klaverbank war lange für ihre große Artenvielfalt bekannt: Unzählige Spezies von

Flossentieren tummelten sich bei dieser Sandbank, Krebse, Anemonen und Kaltwasserkorallen. Dann aber plünderten Fischer das Ökosystem mit ihren Grundschleppnetzen.

2007 stellte die holländische Regierung die Klaverbank unter Naturschutz. Doch ausgerechnet die Schleppnetzfischerei, die den Meeresboden kahl rasiert, wurde nicht verboten. Insbesondere für Seepferdchen erwies sich das als fatal. Denn nicht nur, dass zahlreiche Rosse der Meere gefangen wurden. Auch die für sie so wichtigen Verstecke und die Ankerplätze für ihren Greifschwanz wurden weiter dezimiert.

Was also tun? Die Greenpeace-Leute setzten auf dreifache Seepferdchenpower: Ihre selbst gebastelten Skulpturen, die Rosse der Meere darstellen und mithilfe eines Bordkrans ins Meer abgesenkt wurden, dienten erstens – bei der symbolischen Rettungsaktion selbst – als Blickfang für die Presse und zweitens – unter dem Wasserspiegel – als künstliche Haltegriffe für die lebendigen Rosse der See. Vor allem aber kam diesen Seepferdchen aus Massivholz mit zentnerschwerer Basis aus Granit – drittens – die Aufgabe zu, als robuste Wächter jegliche Trawler von der Klaverbank fernzuhalten. Denn Schleppnetze, das war den Greenpeace-Leuten klar, fischen zwar die Meere leer. Doch solche Hindernisse sind selbst für diese wuchtigen Fanggeräte zu hart und zu groß.

Greenpeace Niederlande informierte die lokalen Fischer über die Position der Skulpturen und übermittelte deren Koordinaten an die zuständigen Behörden sowie die niederländische Küstenwache. Denn Ziel der Kampagne war es nicht, Fischereigeräte zu beschädigen, sondern das Meeresschutzgebiet gegen weitere Plünderung zu verteidigen. Mit jeder Menge Seepferdestärken. Sogar noch eine vierte Stoßrichtung hatte 2011 die Entscheidung für das Seepferdchen als Maskottchen der Kampagne, erzählt der Biologe und Greenpeace-Projektleiter Pavel Klinckhamers: »Der damalige niederländische Minister für Wirtschaft, Landwirtschaft und

Natur, Henk Bleker, war ein begeisterter Züchter von Pferden. Und wenn er sich um Pferde kümmert, dachten wir, muss er sich auch um Seepferdchen kümmern.«

Unterm Strich ging die Rechnung der Greenpeace-Aktivisten auf. Obwohl – oder gerade weil – lokale Fischer einige der Hindernisse mühselig wieder aus dem Wasser hievten. »Sie wollten beweisen, dass wir ihr Leben in Gefahr gebracht hätten«, erzählt Klinckhamers. »Die Fischer zerrten den Fall auch vor Gericht, beauftragten einen der profiliertesten Anwälte der Niederlande – und verloren den Prozess dennoch.«

Der Kampf gehe weiter, sagt Pavel Klinckhamers. »Während wir hier sprechen, setzen unsere britischen Kollegen, weiter nördlich, an der Doggerbank, gerade ebenfalls Felsbrocken als Hindernisse für die Schleppnetzfischerei ein«, erzählt er. Zwar seien jene Steine nicht mit hölzernen Seepferdchen geschmückt. Aber die Rosse der Meere scheinen an der Klaverbank 2011 gleichsam das Eis gebrochen zu haben für ähnliche Schutzmaßnahmen gegen den Raubbau am Meer, auch in anderen Ländern.

Das wiederum wäre ganz im Sinne der großen Pionierin des Seepferdchenschutzes. Schon 1996, bei der Gründung der Meeresschutzorganisation Project Seahorse, ging es der kanadischen Biologin Amanda Vincent noch um viel mehr als das Überleben dieser charmanten Fische. Sie betrachtet ihre Schützlinge als eine Art »Flaggschiffe« für den Schutz aller bedrohten Meeresbewohner. Längst hat die Wissenschaftlerin und Umweltlobbyistin weltweit Mitstreiterinnen und Mitstreiter gefunden.

2005 beispielsweise beobachteten Meeresbiologen aus Asien besorgt, dass an der Südwestküste der Malaiischen Halbinsel immer mehr Mangroven- und Seegrasgebiete zerstört wurden. Die Menschen aus den betroffenen Küstenregionen selbst nahmen den Raubbau an der Natur gleichmütig hin. Als Untersuchungen jedoch zeigten, dass das dortige Mündungsgebiet des Flusses Pulai nicht nur die größte Seegraswiese von ganz Malaysia beherbergt, sondern auch die einzige große Population von Gelben Ästuarenseepferdchen (*H. kuda*), witterten Tier- und Umweltschützer ihre Chance, die Menschen aufzurütteln. Sie gründeten die Meeresschutzorganisation SOS Malaysia – »SOS« steht dabei sowohl für »Hilfe!« als auch für »Save Our Seahorses«. Auch wenn Malaysia wirtschaftlich zu Singapur aufschließen wolle, dürften die Seepferdchen und ihre Lebensräume dabei nicht auf der Strecke bleiben, forderten die Umweltschützer.

Im Mündungsgebiet des Flusses Pulai, nördlich von Singapur, wo der Containerhafen Tanjung Pelepas immer stärker expandiert, ist die Lokalpopulation der Gelben Ästuarenseepferdchen heute gefährdeter denn je. Auch die Seepferdchenschützer von SOS Malaysia konnten den Ausbau des Hafens nicht stoppen. Immerhin aber erreichten die Aktivisten ein Umdenken vieler Menschen in Malaysia. Sogar weit aus dem Hinterland kommen immer wieder Freiwillige an die Küste gereist, um den Rossen der Meere zu helfen.

Während andere Seepferdchenfreunde etwa Hotels für sie bauen (vgl. Kapitel 19) oder Seepferdchenskulpturen im Meer versenken, um die Lebensräume dieser Tiere zu sichern, setzt Adam Lim, wissenschaftlicher Mitarbeiter des Instituts für Ozean- und Geowissenschaften (IOES) an der Universität von Malaya und Leiter von SOS Malaysia, auf rasche Umzüge: Wird es in einer Region besonders brenzlig, fangen er und seine Mitstreiter mit Keschern Dutzende Seepferdchen ein und verfrachten sie in ein ruhigeres Habitat.

Viel weiter nördlich hat Adam Lim inzwischen einen weiteren Hotspot ausgemacht: Küstengewässer, in denen neben Seepferdchen auch Pfeifenfische, seltene Krokodile und Gabelschwanzseekühe (Dugongs) leben. In Malaysia gibt es dreizehn unterschiedliche Seepferdchenarten, erzählt er mit leuchtenden Augen.

Darunter fünf unterschiedliche Pygmäen-Seepferdchen, Tigerschwanz-Seepferdchen, Dreipunkt-Seepferdchen und Igel-Seepferdchen. Er will den Ökotourismus fördern und Exkursionen zur Beobachtung von Seepferdchen, Glühwürmchen und seltenen Vögeln anbieten. Auch das habe ökonomisches Potenzial, betont er.

»In den letzten zehn Jahren haben wir etwa 850 Seepferdchen markiert«, erzählt Adam Lim mit Stolz in der Stimme. Da können weltweit nur die wenigsten Naturschutzorganisationen mithalten. Der Leiter der NGO SOS Malaysia will genau dokumentieren, wie sich die Bestände entwickeln. Denn, da ist sich Adam Lim sicher: Wenn sie könnten, würden die Seepferdchen nicht nur in Malaysia längst SOS funken. Im Sommer 2020 hat er zudem über Crowdfunding Geld gesammelt und ein Seepferdchenbuch für Kinder veröffentlicht. Auf diesem Weg will er die nächste Generation für diese so besonderen Tiere begeistern – und den Kindern den Schutz der Ozeane ans Herz legen.

In Europa werden die Rosse der See ebenfalls zunehmend als Galionsfiguren für den Meeresschutz eingespannt: Unlängst beschloss zum Beispiel António Pina, der Bürgermeister der portugiesischen Kleinstadt Olhão im Sotavento, ein riesiges Seepferdchendenkmal zu errichten. »Seepferdchen sind Teil des Erbes unserer Stadt«, verkündete er und ernannte die Rosse der Meere zum Maskottchen von Olhão. Sie sollen den Bürgern Glück bringen, aber auch vor der weiteren Zerstörung der Küstengewässer warnen.

Ein Seepferdchen dient, unterstützt von einer Seenadel, auch als Logo der aktuellen Kampagne der deutschen Umweltschutzorganisation BUND gegen die Überdüngung der Meere. Dass ständig so viel Jauche ins Wasser gelangt, führt zu einem Überangebot an Nährstoffen. Die direkte Folge: ein rasantes Wachstum von Phytoplankton und anderen schnell wachsenden Algenarten, die das Wasser trüben. Durch den Lichtmangel wiederum sterben am Boden angesiedelte Pflanzen wie Seegras, Tang oder langsam wachsende Makroalgen ab – und das Ökosystem gerät immer stärker aus der Balance.

Aufgrund ihres geringeren Wasseraustauschs ist die Ostsee besonders gefährdet. Früher erstreckten sich die Seegraswiesen dort bis in Tiefen von dreißig Metern. Heute wächst in der Ostsee aufgrund der Wassertrübung bereits sieben Meter unterhalb der Meeresoberfläche kein Seegrashalm mehr. Mit den Seegraswiesen und Tangwäldern verschwand die Kinderstube und Heimat zahlreicher Tierarten, insbesondere der Seenadeln und Seepferdchen.

Doch vielleicht zeigt die BUND-Kampagne mit dem charmanten Logo ja bereits Wirkung? In den letzten Jahren haben sich die Seegrasbestände in Nord- und Ostsee jedenfalls ein bisschen erholt. Die Überdüngung durch die Landwirtschaft konnte reduziert werden, die Seegraswiesen dehnen sich wieder etwas weiter aus – und es werden auch in Deutschland mitunter wieder Seepferdchen gesichtet. Ein kleines Zeichen der Hoffnung.

Der weltweite Kampf für eine Zukunft der Seepferdchen in gesunden Meeren geht weiter, versichert nicht nur der Greenpeace-Projektleiter Pavel Klinckhamers, der gerade in Taiwan an einer neuen Kampagne feilt. Auch die Aktivistinnen und Aktivisten von Project Seahorse, der Organisation, die die Pionierin Amanda Vincent einst ins Leben rief, haben nichts von ihrem Elan verloren: »Project Seahorse bildet die nächste Generation von Wissenschaftlern, Naturschützern und Fürsprechern aus, die sich für unsere Ozeane einsetzen«, schreiben sie auf ihrer Website. Die Aktionen der NGO zum Schutz der Rosse der See würden auch Tausenden weiteren Arten helfen. Und: »Die Seepferdchen retten bedeutet die Meere retten!«

Nach der Vorstellung solcher Idealisten sollen die *crazy horses* der See also nicht nur selbst überleben, sondern als Zugpferde auch gleich noch die gebeutelten Ozeane der Welt vor dem Kollaps bewahren helfen. Was für eine Überforderung!

Doch wie schreibt der Dichter und Seepferdchenliebhaber Joachim Ringelnatz so schön: »Sicher ist, dass nichts sicher ist. Selbst das nicht.«

Quellen und Dank

Wichtige fachliche Informationen zu einzelnen Kapiteln dieses Buches entstammen den Werken *Poseidon's Steed. The Story of Seahorses, from Myth to Reality* von Dr. Helen Scales (London 2009) sowie *Seahorses. A Life-Size Guide to Every Species* von Dr. Sara Lourie (East Sussex 2016).

Weiterführende Literatur

Rudie H. Kuiter: *Seepferdchen, Seenadeln, Fetzenfische und ihre Verwandten. Syngnathiformes*, Stuttgart 2001
Hilde und Ylva Østby: *Nach Seepferdchen tauchen*, Berlin 2018
Joachim Ringelnatz: *Überall ist Wunderland*, Berlin 1971
Callum Roberts: *Der Mensch und das Meer*, München 2013
Monika Rößiger und Claus-Peter Lieckfeld: *Mythos Meer*, München 2004
Peter Rühmkorf: *Wenn – aber dann. Vorletzte Gedichte*. Copyright für das daraus auf S. 158 zitierte Gedicht »Kringel für Ringel« © 1999 Rowohlt Verlag GmbH, Reinbek bei Hamburg
Frank Schneidewind: *Wer weiß was über Seepferdchen?*, Bissendorf-Wulften 2000
Jörg Zittlau: *Warum Affen für die Liebe zahlen*, Berlin 2009
mare. Die Zeitschrift der Meere, Nr. 21: *Seepferdchen*, Hamburg, August/September 2000
mare. Die Zeitschrift der Meere, Nr. 95: *Gottes Kapitäne*, Hamburg, Dezember 2012/Januar 2013
SPIEGEL Wissen, 2/2019: *Alles im Kopf!*, Hamburg, Mai 2019

Besonderer Dank an

Dr. Daniel Abed-Navandi, Dr. Sarah Foster, Dr. Julia Frankenstein, Peter Gutwasser, Dr. David Harasti, Prof. William Holt, Claudia Jürgens, Pavel Klinckhamers, Prof. Friedrich Ladich, Dr. Adam Lim, PD Anna Lindholm, Dr. Sara Lourie, Prof. Axel Meyer, Dr. Olivia Roth, Dr. Helen Scales, Dr. Ulrike Schmidt, Dr. Ralf Schneider, Katja Scholtz, Prof. Peter Teske, Elena Theys und Judith Weber.

Register